PSYCHOLOGY AND MNEMONIC

心理学与记忆术

明道（知名心理作家）◎著
京师博仁（专业心理机构）◎组编

台海出版社

图书在版编目（CIP）数据

心理学与记忆术 / 明道著 . -- 北京 : 台海出版社 , 2019.8

ISBN 978-7-5168-2406-1

Ⅰ . ①心… Ⅱ . ①明… Ⅲ . ①记忆术－研究 Ⅳ . ① B842.3

中国版本图书馆 CIP 数据核字（2019）第 140905 号

心理学与记忆术

著　　者：明　道

责任编辑：赵旭雯　梁　爽　　　　装帧设计：张合涛
版式设计：杨莉芳　　　　　　　　责任印制：蔡　旭

出版发行：台海出版社
地　　址：北京市东城区景山东街 20 号　邮政编码：100009
电　　话：010 — 64041652（发行，邮购）
传　　真：010 — 84045799（总编室）
网　　址：www.taimeng.org.cn/thcbs/default.htm
E - mail：thcbs@126.com

经　　销：全国各地新华书店
印　　刷：三河市文通印刷包装有限公司
本书如有破损、缺页、装订错误，请与本社联系调换

开　　本：710 毫米 ×1000 毫米　1/16
字　　数：205 千字　　　　　　印　　张：15.5
版　　次：2019 年 9 月第 1 版　印　　次：2019 年 9 月第 1 次印刷
书　　号：ISBN 978-7-5168-2406-1

定　　价：45.00 元

前　言

当今社会人们对记忆力越来越重视，在生活中那些记忆力好的人也被很多人羡慕着，大家都想要拥有优秀的记忆力。这主要是因为良好的记忆力是一个人是否能够获得成功的重要因素。记忆力好的人在学习和工作中都会轻松自如，这是一个不争的事实。

那么，我们的记忆力能否得到提高呢？答案是肯定的。科学研究表明，我们大脑的潜在记忆能力是非常惊人的，可以说它完全超出了我们的想象；而且，只要能够认真掌握科学的记忆方法并努力进行相关训练，那么每个人都是能够提高记忆力的。此外，由于记忆力与我们的生活、学习和工作有着密切的关系，所以当我们的记忆能力得到提高后，生活能力、学习能力和工作能力也会随之得到提高。这样一来，我们就会从中得到巨大的收益和乐趣。

正是为了满足大家对提高记忆力的迫切需求，我们才编辑了这本书，相信其中所介绍的知识一定能对您提高记忆力有所帮助。下面我们就来简单介绍一下这本书的内容，好让读者能有一个概括的了解，为深入阅读打好基础。

我们知道，要想掌握一门知识，必须先从基础开始，如果略过基础知识而直接学习专业的内容，那我们对于知识的掌握就不会扎实。所以，本书先为大家介绍了一些关于记忆的基础知识，比如记忆的类型、有趣的遗忘规律和舌尖现象等，让大家对记忆的心理学基础知识有一个简单的了解。在本书的第二章，我们对影响记忆力的一些重要因素进行了概括的介绍，大家在日常生活中一定要特别注意这些因素，比如注意力、食物、健康、情绪等。如果忽略或是不重视这些影响记忆力的基本因素，那我们不论学习多少记忆方法，都无法发挥作用。

随后就迎来了本书的重头戏，也就是记忆方法的介绍，读者朋友可以根据自己的实际情况从中选择适合自己的记忆方法。如果你能够熟练运用几种记忆方法，并勤加练习，那假以时日，你的记忆力一定会有所提高。

除此之外，本书还介绍了一些我们在学习和工作中经常会接触到的对特定对象的记忆方法，比如对电话号码的记忆、对英文单词的记忆、对名字与面孔的记忆，等等。这些都是非常实用的方法，相信也一定会对大家有所帮助。

在本书的最后两章，我们还设计了关于提高记忆力的思维游戏和实战训练以及心理测试，目的是增加本书的趣味性和实用性，给您带来更好的阅读体验。

好了，全书的内容都已经介绍完了，下面就请大家开始阅读吧。

目　录

第一章　了解记忆的秘密

第二章　影响记忆力的因素

第三章 超实用的记忆方法（一）

第四章 超实用的记忆方法（二）

第五章 特定对象的记忆术

第六章 提高记忆力的思维游戏

第七章 记忆力训练与测试

第一章

了解记忆的秘密

记忆的概念与类型

【记忆故事】

林静是一家公司的总经理，是大家眼中的女强人，然而最近这两年她经常和老公吵架，所以过得并不幸福。每当和老公吵架时，她就会回忆起自己的初恋故事，感叹那时候要是和初恋结婚了，自己现在也许就不会这样烦恼了。

她的初恋发生在大一刚入学时，当时她孤身一人从南方来到北方的一座城市上学，没有认识的人，所以觉得很孤独。这时候班上一个叫张浩的男同学发现她总是一副不开心的样子，就主动关心她，和她聊天，还主动帮她做了很多事。就这样，两个人慢慢走到了一起。

那段时间是林静人生中最快乐的时光，可惜快乐的时光总是那么短暂，大四毕业前夕，他们俩因为毕业后要留在哪里工作的问题产生了争执，作为独生女的林静坚持要回老家工作，而同样是独生子的张浩则坚持要回自己的老家。两个人谁也没办法说服谁，冷战了一段时间后，就分手了。

后来他们各自回了自己的老家，慢慢也都有了自己的家庭，可是在林静心里，最终没能和张浩走到一起一直都是她的一个遗憾。所以每当她和老公产生矛盾时，她就会回忆起自己这段甜蜜而又遗憾的初恋时光。

【记忆宝典】

每个人都会像林静一样，拥有一段对初恋的记忆，记忆这个词也是我们在现实生活中会经常提到的。可是，究竟什么是记忆呢？

简单点说，记忆就是我们的大脑对自己所经历过的事物的反映。这里所说的经历过的事物，具体是指我们在以往的人生经历中所感知过的事物，它的范围很广，比如我们所见过的东西、所遇到的人、曾听过的难忘的声音、看到过的难忘的画面、所体验过的某种强烈的情感、所品尝到的美味，等等，这些都会在我们的大脑中留下痕迹，并且还会在我们遇到合适的条件时再次呈现出来，这就是记忆。

需要注意的是，虽说记忆与感知一样都是我们的大脑对客观事实的反映，但是记忆是比感知要复杂得多的心理现象。记忆是对过去经验的反映，具有理性认识和感性认识的双重特点。

记忆是由三个环节组成的，它们分别是识记、保持、回忆与再认，这三个环节缺一不可。其中，记忆过程的开端是识记，简单来说就是要识别和记住一个事物，并且还要形成一定的印象。

对大脑所识记的内容的强化就是保持，这个过程会让我们所识记的内容更好地成为我们的经验。

回忆与再认则是对过去所积累经验的两种不同的再现形式，其中回忆是在一定诱因的作用下，让过去所经历的那些事物在大脑中再现的过程，比如当学生回答老师所提出的问题时，就需要将大脑中所储存的与这个问题有关的知识给提取出来，这个提取的过程就是回忆。

再认则是指当我们过去所经历的事物再次出现时，能够被识别与确认的一个心理过程。需要注意的是，不同的人面对不同的事物的再认速度是不一样的。

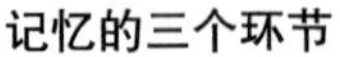

了解了关于记忆的基本概念后，我们再来简单了解一下记忆的类型：

根据记忆的不同内容，可以分为运动记忆、形象记忆、情绪记忆、逻辑记忆四个类型。

1. 运动记忆

运动记忆又被称为动作记忆，主要是以过去做过的运动或是动作为内容的记忆，比如对舞蹈、体操、游泳等动作的记忆都属于运动记忆。它是人们学习以及熟练掌握劳动、生活、运动技能的基础，对培养各种熟练的技能技巧有着非常重要的作用。运动记忆形成之后会保持很长的时间，而且在运动的过程中，大肌肉的记忆是不容易忘记的，小肌肉的记忆则容易遗忘。

2. 形象记忆

该类型的记忆主要是以我们所感知过的事物形象为主要内容的记忆，比如我们在参观一个博物馆时所形成的印象就是形象记忆。我们通过嗅觉、听觉、触觉、听觉、视觉去感知周围的事物，如我们看到过的人、听到的音乐、品尝到的味道、触摸过的物体，等等。在此基础上，形成形象记忆。

3. 情绪记忆

这种类型的记忆是以我们所亲身体验过的某种情感或是情绪为内容的记忆，比如我们对过去的一些刻骨铭心的事情的记忆，对曾做过的错事的记忆，都属于情绪记忆。该类型的记忆给人留下的印象要比其他类型的记忆更为深刻持久，甚至会让人一辈子都难以忘记。

4. 逻辑记忆

该类型的记忆是以原理、概念、词语等为主要内容的记忆。它所保持的并不是某些具体的形象，而是反映客观事物规律性的定理、公式、法则等，比如我们对物理、数学中的公式、定理的记忆都属于逻辑记忆。它是具有高度逻辑性、理解性的记忆，对我们学习抽象知识具有重要作用。

按照不同的保存时间，记忆又可以划分为以下三类：

1. 瞬时记忆

瞬时记忆的另一种说法是感觉记忆，这种记忆具体是指某种信息对人们的刺激停止之后，在感觉通道内所做的短暂停留。这种记忆的保存时间是非常短的，通常在 0.25 ~ 2 秒之间，而且它所记忆的内容只有经过注意时才会被意识到，从而进入短时记忆；如果我们没有注意到它的话，信息就无法进入短时记忆。

2. 短时记忆

短时记忆也被称为工作记忆，指的是保存时间大概在 1 分钟以内的记忆。科学家的研究证明，在记忆内容没有进行复述的情况下，18 秒之后回忆的正确率将会降低到 10% 左右，1 分钟之内就会衰退或是彻底消失。此外，有人认为短时记忆其实是一种为了当前的动作而服务的记忆，也就是一个人在工作状态下所需要的记忆内容的短暂提取与保留，而且短时记忆的内容要经过复述才能进入长时记忆。

3. 长时记忆

长时记忆指的是所接收到的信息经过充分且有着一定深度的加工之后，在我们的大脑中长时间保存下来的记忆。

从时间上来看，但凡是在大脑中保留时间超过 1 分钟的记忆都可以说是长时记忆，它的容量很大，所存储的信息都经过了意义编码。而我们平常所说的一个人记性的好坏，主要就是指长时记忆。

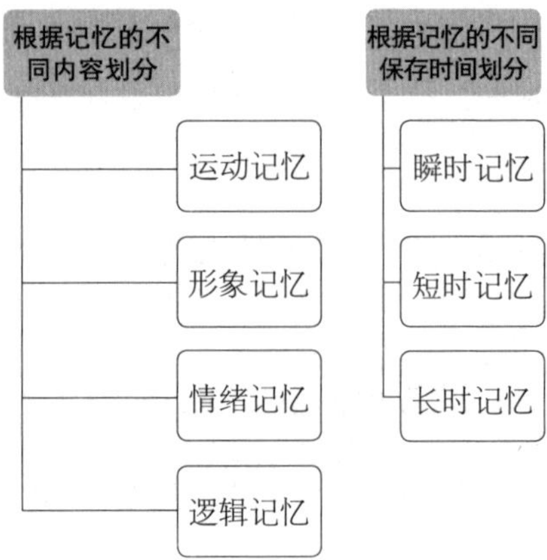
记忆的类型
根据记忆的不同内容划分
运动记忆
形象记忆
情绪记忆
逻辑记忆
根据记忆的不同保存时间划分
瞬时记忆
短时记忆
长时记忆

有趣的舌尖现象

【记忆故事】

上周日范祥祥去参加读书会时遇到了一个人，看着非常眼熟，读书会结束后他就去跟对方打招呼，结果一问才知道对方也认出他来了，还准确地叫出了他的名字。可这时候他却怎么也想不起对方的名字，他很清楚这个人自己上周刚见过，当时对方也告诉他名字了，但是他就是想不起在哪见的面以及对方叫什么，这下子可太尴尬了。

他在那里想了有几分钟，感觉那名字都到嘴边了，可就是想不起来，急得一头汗。这时候对方看出了他的窘迫，就笑着对他说："你别着急，慢慢想，咱们不是上周读书会的时候还见过吗？而且咱们俩还是本家啊，当时也聊得挺好的。"

听对方这么一说，他马上想起了对方叫范子正，而且还想起当时两个人聊了很多关于著名的范姓人物的事迹，比如范仲淹、范纯仁，等等，于是他赶忙说出了对方的名字。

【记忆宝典】

生活中我们经常会有与范祥祥类似的经历，比如遇见了认识的朋友，却怎么也想不起对方的名字；在家的时候决定要到市场上去买点西红柿和鸡蛋，可到了市场后却怎么也想不起要买什么；平时记得很熟的诗句、单词、公式，到了考试的时候却怎么也想不起来了；等等。心理学上把这种特殊的遗忘现象称为“舌尖现象”，意思是所回忆的某些内容已经到了舌尖，却怎么也想不起来究竟是什么。

研究表明，年轻人平均每周会发生 0.98 次舌尖现象，而老年人则会发生 1.65 次。此外，那些怎么也想不起来的内容通常会在大约 1.9 天后被突然想起来，而且当我们回忆非常熟悉的信息时，并不容易出现舌尖现象。

那么，为什么会出现舌尖现象呢？专家认为这种现象是由于大脑对所记忆内容的暂时性抑制造成的。这种抑制来自很多方面，比如对有关事物的其他特征的回忆对所要回忆的那部分特征造成了掩盖，比如我们在回忆小学同学的名字时，却偏偏想起了他的外貌；而回忆时的情境因素以及自身的情绪因素的干扰等，也属于不同形式的抑制。

如果这些抑制消除了，比如，旁边有人提示我们、离开了造成我们回忆困难的情境、紧张情绪得以消除等，那舌尖现象通常会自动消失。

此外，认知心理学研究发现，记忆活动主要包括编码、储存、检索和解码这三个过程。在我们进行记忆的过程中，大脑会先把来自外界的各种信息自动加工成形码、声码和意码，然后再把这三种编码分别储存到大脑中的各个不同的部位。当我们需要进行回忆时，大脑就会把这三种编码从不同的部位检索出来，解码之后再与原来的意义、名称和形象进行连结。在这个过程中，如果任何一个环节出现了问题，那记忆都会受到影响，比如检索过程中形码、声码和意码的其中一种没办法检索出来，或是在检索出来之后没办法建立连结。由此造成的影响就包括让回忆起来的记忆对象残缺不全，从而形成舌尖现象。

需要指出的是，在记忆编码的过程中，情境因素也会同时被编码并进行储存，所以在相同的环境里检索、回忆就会比较顺利，而在陌生的环境里就比较困难，舌尖现象就更容易发生。比如一个话剧演员在自己熟悉的舞台上总是发挥得很好，可是到了陌生的舞台上之后，就会出现很多问题，比如忘词。

记忆活动的三个过程

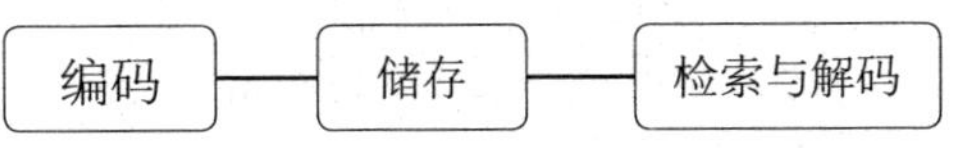

遗忘与遗忘规律

【记忆故事】

张鹏之前在老家上学时，每天放学后老师布置的作业他在学校花一点时间就能做完，所以每天放学后都有很多玩的时间。不过后来他爸爸在市里找了一份工作，他们全家人就来市里生活了，他也转学到了市里的学校。

转学之后张鹏有很多地方都不适应，让他最受不了的一件事就是老师布置的作业太多，每天吃过饭后要做一个多小时才能做完。这样一来他就没时间玩了，可他又是爱玩的孩子，所以他对老师挺不满的。

这天他因为没做完作业，所以放学后被老师留了下来，老师问他为什么没有完成作业，他就说作业太多了，每天做完都没有玩的时间了，所以自己不想做。他还问老师为什么要布置那么多作业，自己很不理解。

老师听了，就笑着对他说："我给你们布置作业，其实是想让你们及时对新学到的知识进行复习，这样你们才能更好地记住这些新知识，学习效果也会更好一些。如果不及时复习，那你们学的新知识就会忘掉很多，这样你们就得花更多的时间去学习。我这样做是符合遗忘规律的，不过现在你还小，跟你说你也没法理解。"

【记忆宝典】

故事中提到了遗忘规律，那么什么是遗忘规律呢？在了解该规律之前，我们先来看一下什么是遗忘？遗忘就是指大脑对所识记的材料没办法进行再认与回忆，是一种记忆的丧失。遗忘分为暂时性遗忘和永久性遗忘，其中暂时性遗忘指的是在适当的条件下还可以恢复记忆的遗忘；而永久性遗忘则是指如果不进行重新学习，就没有办法恢复记忆的遗忘。

遗忘的原因现在还没有定论，目前存在以下几种理论：

一是提取失败说。这种理论认为，人们之所以会发生遗忘，是因为编码不准确，失去了检索的线索或是线索发生错误。如果有了正确的线索，经过搜索后所需要的信息就可以被提取出来。

二是消退说。该理论认为遗忘是因为记忆痕迹无法得到强化而逐渐变得衰弱，以至于最终消退。

三是压抑说。该理论认为遗忘是因动机或是情绪的压抑作用所引起的，如果这种压抑解除了，那记忆就可以恢复。

四是干扰说。该理论认为，人们之所以会遗忘，是因为在回忆过程中受到了其他刺激的干扰，如果这种干扰被排除了，记忆就能恢复，而且记忆痕迹不会消退。

关于遗忘原因的四种理论

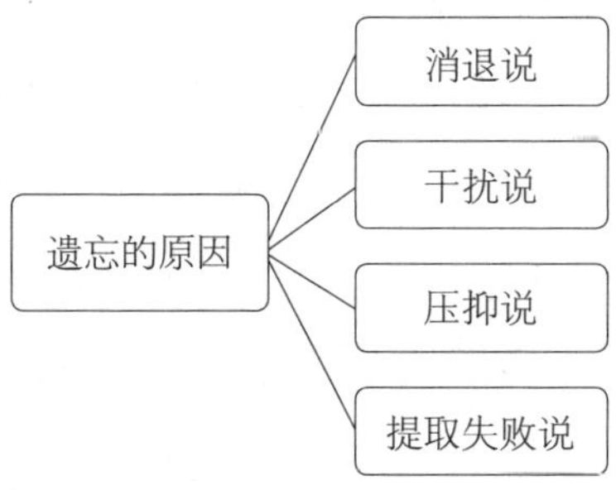

而遗忘规律是由德国心理学家艾宾浩斯提出的，他在研究中发现，人类的遗忘是有着一定的规律的：遗忘在学习之后就开始了，而且遗忘的进程并不平衡。一开始遗忘的速度是很快的，然后逐渐变慢。具体来说遗忘速度最快的时段是学习后 20 分钟、1 小时、24 小时，这三个时间段大脑分别会遗忘 42%、56%、66%，而 2 ～ 31 天的遗忘率则稳定在 72% ～ 79% 之间，所以遗忘的速度是先快后慢的。

此外，艾宾浩斯还将自己的实验结果画成了描述遗忘进程的曲线，这就是著名的艾宾浩斯遗忘曲线，也简称为遗忘曲线。

艾宾浩斯遗忘曲线

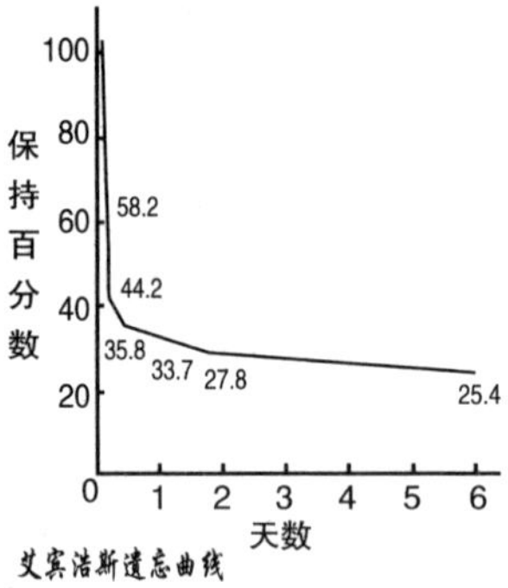

艾宾浩斯遗忘曲线

时间间隔	记忆量
刚刚记忆完毕	100%
20 分钟之后	58.2%
1 小时之后	44.2%
8–9 个小时后	35.8%
1 天后	33.7%
2 天后	27.8%
6 天后	25.4%
一个月后	21.1%

遗忘曲线和遗忘规律带给我们这样一些启示：

平时我们的大脑所接收的信息对我们来说只是短时记忆，如果没有进行及时的复习，那这些短时记忆就很容易被遗忘。而经过了及时的复习后，这些短时记忆就会成为长时记忆，从而在大脑中保存很长一段时间，由此可见复习对记忆的重要性。

通过对遗忘曲线的分析，我们会发现，我们进行复习的最佳时间是识记材料之后的 1 ～ 24 小时，最晚不可以超过 2 天。我们在这个时间段里只要稍微复习一下，就可以恢复记忆。如果错过这个时间段，那复习的效果就会大打折扣，因为此时我们已经遗忘了所识记材料的 72% 以上的内容，这也是为什么有的学生在隔了较长的一段时间之后再去复习功课时，会觉得自己好像是在学习新知识。所以我们在学习时一定要对遗忘规律进行有意识的利用，千万不要以为什么时间复习都一样。

我们进行复习的黄金时段应该是晚上睡觉前和早上醒来之后。晚上睡觉前的这段时间可以用来复习白天学习过的内容，因为这个时间对于白天所学的内容来说还没有超过 24 个小时，所以只要稍微复习一下，就可以轻松恢复记忆，而且在这个时候由于我们不会受到后摄抑制（大脑因接受了新的内容而把前面学习过的内容给忘掉了，从而让旧的信息受到了新信息的干扰）影响，所以识记的材料就比较容易被存储，从而由短时记忆转为长时记忆。此外，研究发现我们在睡觉的过程中记忆并没有停止，大脑会对刚接收到的信息进行归纳、整理以及编码、储存，所以睡觉之前的这段时间是非常宝贵的。

早上睡醒之后由于我们不会受到前摄抑制（大脑先接收的信息会对后来所接收的信息产生干扰，让大脑对后来所接收的信息无法形成深刻的印象，很容易忘记）的影响，就可以复习一下昨天晚上学过的内容，或是去学习新的内容，那么整个上午我们都会保持着良好的记忆。

需要注意的是，要想让记忆效果变得更好，就得不断地进行复习，复习的次数越多，记忆就越深刻；复习得越及时，所费的时间就越少。下的功夫越小，记忆效果也更好。

艾宾浩斯在研究中还发现，那些有意义的、可以理解的内容是不容易被忘记的，而那些没有意义的、无法理解的内容则容易被遗忘。所以，我们在记忆时一定要理解所要记忆的材料，这样记忆效果会更好一些；如果所识记的材料没有什么意义，那就要想办法赋予其一定的意义。

最后，为了提高记忆的效率，我们在日常生活中要对所学到的知识进行定期的复习和自测。具体方法如下：

1. 全书测验

当我们读完了一本书之后，可以翻开目录，一章一章地进行回忆。如果没有充足的时间，我们可以先挑选一些重点内容回忆。

2. 单元测验或是章节测验

一个单元或是一个章节学完之后，可以自测一下这个单元或是章节的主要内容，看看自己有什么收获，从而及时地消化所学的知识，巩固记忆。

3. 日测

每天晚上睡觉之前，要从每天学到的知识中选择一些要点进行复述，默写出大纲或是干脆默想也可以。

4. 周测

周末时可以将一周所学到的内容换一个角度向自己提出问题，最好是在一个本子上对自己进行测试。如果发现存在记忆模糊不清的地方，那就要马上进行复习，绝对不能拖延。

记忆也会出错

【记忆故事】

张新是某大学的心理学教授，上周六他受邀去开办一个关于记忆的讲座，主题是错误记忆。讲座开始后他并没有直接介绍什么是错误记忆，而是提出想现场做一个实验，问有没有人想要参加这个实验。

台下的听众一听要做实验，都挺好奇的，非常积极地报名，最终教授挑了 8 个人来参加接下来的实验。其实这个实验挺简单的。教授拿出 8 页纸分给大家，他说纸上是他自己写的一个小故事，也就几百字，现在让这 8 个人集中精神看这一段文字，3 分钟后停止阅读，然后开始复述自己所看到的故事。

3 分钟很快就过去了，随后这 8 个人开始轮流讲述自己看过的故事，结果他们在回忆过程中都出现了错误，而且他们所回忆的故事又各不相同，甚至还增加了原来的故事所没有的情节。

看到这样的结果，台下的听众都觉得很惊讶，这时候张教授告诉大家，这种情况就叫作错误记忆。

【记忆宝典】

上面的故事提到了错误记忆，错误记忆是指人们会再认或是回忆出那些根本不曾出现过的事件或是人物，抑或是对经历过的事件进行错误的回忆。之所以会产生错误记忆，主要是因为当人们接收了一系列相互之间有着密切联系的信息之后，很容易误认为某些与之前呈现过的信息相关可实际上并没有出现过的信息是出现过的。

对于错误记忆这个问题，很多心理学家都做过研究。美国华盛顿大学的几位心理学研究者发现，一些原本没有在童年时发生过的事经过有意的引导和想象后，当事人对这些事件发生过的相信程度会明显地提高甚至会认为曾经发生过。比如当一个人第一次被问到小时候有没有将窗户玻璃打破过时，他可能会坚定地否认；但是当他经过特定的引导想象后，他就会变得犹豫，有的人甚至直接会认为自己小时候真的打破过窗户玻璃。之所以会出现这样的情况，是因为想象让人们对虚假事件更加熟悉，并且这种熟悉会错误地与自己的童年记忆联系在一起。

英国研究记忆的学者通过研究发现，仅仅凭借想象，人们就能够发展出对一件肯定没有发生过的事的记忆以及相信其发生过的信念，从而产生错误记忆。西北大学的一些研究者则从脑区成像技术的角度进行研究，同样得到了生动的想象导致错误记忆的一些神经元证据。他们让志愿者学习两种形式的信息，一种是单词配图片，一种是只有图片。测试时要求志愿者回忆再次出现的单词在之前学习时是否配有图片，结果发现那些在测试中被误认为配有图片的单词在学习阶段时表现出了更为活跃的脑区活动，也就是说生动的想象是造成错误记忆的主要原因。

在情绪的影响下，人们也会出现错误记忆。弗吉尼亚大学的研究者分别用莫扎特和马勒的音乐唤起志愿者的欢乐情绪和悲伤情绪，然后让他们记忆一些内容，结果发现他们在悲伤情绪下出现的错误记忆的数量要明显少于在欢乐的情绪以及没有受到控制的情绪下发生的错误记忆的数量。而且，他们还发现情绪对记忆的影响发生于记忆的编码阶段，所以在生活中当我们受到强烈情绪的影响时，很容易就会出现错误记忆，比如一个人在某种喜恶情绪的影响下，对一件事的一些细节记得非常清楚，可是对另外一些同样重要的细节则会完全忽略，这就会造成他在回忆的过程中无意识地去编造记忆，从而产生记忆上的错觉。

此外，来自他人的或许是不经意间的语言上的误导抑或是提示干扰，包括暗示也会导致记忆出现错误，有的甚至已经达到了非常夸张的程度。比如有位研究者曾做过这样一个实验：他让志愿者一起看了一部交通事故的短片，然后向他们提了一些问题，结果发现志愿者们对车速的估计会因为提问者使用了不同的词汇而出现非常明显的差异。比如被问到“当汽车撞毁时，你估计车速是多少”的人（他们被称为撞毁组）所估计的车速要明显地高于被问“当汽车碰撞时，你估计车速是多少”的人（他们被称为碰撞组）。

另外，一周之后研究者又把撞毁组与碰撞组召集起来，问他们有没有在短片中看到碎玻璃。事实上根本就没有碎玻璃，可是撞毁组中居然有 32% 的人说自己看到了碎玻璃，而碰撞组只有 14% 的人说自己看到了碎玻璃。

在下列几种情况下，记忆也有可能是错误的：

1. 闪光灯记忆

我们曾经历过一些给自己的内心带来创伤的事件，过了很长一段时间我们仍然可以非常清楚地记得这件事的所有细节，这就是闪光灯记忆。而我们之所以能记住是因为当我们经历创伤性事件时，大脑会在此时创建一个包含着微小细节的、就像照片一样的记忆。不过由于这类记忆通常都带有非常强烈的感情色彩，所以就算我们能够记住细节，可这些细节往往是不准确、不客观的。

2. 重复曝光

如果有人重复地告诉我们一件事，比如有人多次重复地告诉我们他小时候砸烂过商店的玻璃，重复的次数越多，我们就越可能相信他所说的话是事实，而这件事就会变成我们记忆的一部分。

3. 似曾相识

很多人在生活中都遇到过这样的情况：当我们来到一座之前从没来过的城市时，却会觉得自己以前来过这座城市，而且我们甚至能够回忆起关于这座城市的一些细节，这就是似曾相识的感觉。

之所以会有这种感觉，是因为我们的大脑善于记住的是一个事物的整体特征，而不是去描述一个事物的具体细节。比如我们会记得同事昨天穿了一条蓝色的裙子，但是如果让我们对这条裙子进行具体的描述，我们就无法做到。再比如我们去一个城市看展览，而他们摆放展品的方式和我们所在的城市是一样的，那么这种熟悉的感觉就会让我们觉得自己曾经来过这里。

4. 过滤

我们的大脑每天都会收集很多信息，随后这些信息会通过我们的各种成见与经验被过滤掉一部分。这也是为什么共同经历过一件事的人在回忆这件事时，经常会说出不同版本的故事的原因。

事实上，我们每一个人都具有在个人的信仰与价值观的影响下所形成的叙述能力，而正是这些信仰与价值观帮我们过滤掉了一些我们并不想记住的事情，它们甚至会让我们错误地认为自己看了一些根本没看到的情况。

5. 被记住的回忆

大脑会经常对记忆进行修补，这样记忆就会被扭曲，更糟糕的是，一些记忆还会随着时间的推移而被逐渐扭曲，直到完全变成错误的记忆。所以，我们每次唤起的记忆，实际上是我们在回顾自己上一次回忆起的记忆，并不是真正发生过的事情。

通常情况下，错误记忆对我们的生活并不会产生太大的影响，但是一些特殊的情况除外，比如，如果在法庭上证人凭借着错误记忆去作证的话，那就会对事实形成误导，酿成冤假错案。所以，在生活中我们还是要想办法克服错误记忆。

那么，我们要如何克服错误记忆呢？

首先，我们要做到对自己的记忆不要过分地相信，在进行回忆时要多关注事件本身，尽量减少情绪对记忆的干扰。

其次，如果我们所要回忆的事情比较关键，那么在做出判断之前一定要向多方进行求证，不要轻易做出判断。

积极提高注意力

【记忆故事】

放暑假之前，江明女儿的班主任告诉他，说他家孩子这学期在学习时一直都存在注意力不集中的问题，最重要的就是上课时不能专心听讲，老是容易走神儿，就因为这个，孩子成绩都下降了。老师说自己发现这个情况后也采取过一些办法，可是效果都不大，所以让江明趁着暑假的时间多关注一下孩子注意力的这个问题，而且老师觉得家长的话孩子应该比较容易听得进去。

自从老师和江明说了这个问题后，他就比较上心，只要他周末在家休息，就会监督女儿做作业，结果他发现女儿的注意力真的是太不集中了。比如做作业时，她只做了一会儿就开始乱动，一会看这一会看那，做题时也是心不在焉，结果一检查，很多本来非常简单的题都做错了。再比如他安排女儿读一本课外书，结果她根本没办法专心读下去，读了一小半就说不好看，不想看了。这些情况让江明认识到了问题的严重性，因为他知道如果注意力不集中的话，那记忆力也会受到影响，这样学习成绩自然就不好。可是他也不懂该怎么提高注意力，这两天他特别为这事着急。

【记忆宝典】

我们在前文中曾提到过注意力会对记忆力产生很大的影响，所以强化记忆力的一个很重要的途径就是想办法提高注意力。那么，我们在日常生活中该如何提高注意力呢？

1. 频度练习法

具体的做法是让孩子看一些资料，其中有一部分资料要多次出现，要让孩子努力记住这些资料出现的次数。

2. 插入练习法

具体的做法是先让孩子记忆一些资料，记忆完成后不要马上让他去回想，而是让他接着去做一些别的事情，然后再让他对之前记忆过的资料进行回想。

3. 顺序练习法

具体来说就是让孩子按照一定的顺序识记材料，然后用东西遮住材料，让材料逐个暴露出来，每暴露一段材料，就让孩子回想紧接着的材料内容是什么。比如找来一些图片，按照一定的顺序将这些图片一个个呈现出来让孩子记忆，看过几遍后，把图片遮住，然后每暴露一张图片，就让孩子说出下一张图片是什么。

4. 对偶联系法

具体的做法是让一个人识记两份彼此相关的材料，然后让他根据其中一份材料去回忆另一份材料。

5. 番茄工作法

具体来说就是每工作 45 分钟就休息 15 分钟，对于大部分人来说，要想在 45 分钟内一直集中注意力，其实是件很难的事。但是请不要放弃，至少坚持一周，就可以养成习惯。

6. 做计划

如果我们在开始一天的工作前已经对这一天的工作制订了完整的计划，那么我们就不会在工作时一直浪费时间思考接下来要做什么了。如果能一直坚持做计划，那我们在工作时就能长时间保持注意力了。

7. 练习静坐

每天在闲暇时抽出 10 ~ 20 分钟的时间练习静坐，在静坐时我们要全神贯注地关注自己的呼吸和心跳。这时候内心会非常平静，我们可以将注意力完全放在感知上，这样做对保持注意力是有利的。

8. 盯点训练法

具体来说，就是每天盯着某个点抑或是某个物体看上几分钟，这是比较简单、有效的训练方法。

9. 训练自己一次只做一件事

一个人的注意力资源是有限的，如果分配到性质不同的事情上面，那注意力一定会被分散，所以我们最好是一次只做一件事，比如看书时就绝对不听音乐，工作时就一心工作别老想着和同事聊天，等等。就算我们非常想聊天，也要克制住自己。

10. 喧嚣训练法

具体来说，就是到闹市或是菜市场里去看书，而且还要读那种自己不太喜欢的书。虽然这样做比较困难，但只要我们坚持下来了，注意力就一定会得到很大的提升。

第二章

影响记忆力的因素

分散的注意力让你很难记住

【记忆故事】

张峰的儿子小鹏今年上小学二年级，前些日子张峰到学校参加家长会时，小鹏的班主任向他反映说小鹏的学习出了点问题，前一天所学的古诗第二天他居然一个字都记不起来。老师这么一说，张峰也挺奇怪的，因为他很清楚儿子平时记性挺好的，平时在家记个什么东西很快就能记住，所以成绩一直都不错。那么儿子究竟是哪里出了问题呢？于是他就拜托老师平时多注意一下小鹏，看看他究竟是因为什么原因导致记忆力下降了。

没过多久，老师就找到了原因。她在讲课时对小鹏进行了认真的观察，发现他上课时总是一副精神恍惚、心不在焉的样子，注意力根本无法集中，也就是说老师所讲的东西他根本就没听进去，这样当然就记不起来了。

可是，老师也没弄明白小鹏为什么会精神恍惚。于是，张峰有一天接小鹏放学后就问了他，这一问才知道原来有一次他和老婆在家里因为点事吵得挺厉害的，虽然他们没有在孩子面前吵，但还是被小鹏听到了，从那天起小鹏就特别担心爸妈会离婚，自己会成为没人要的孩子，听课时也老是想着这事，所以什么都没听进去。

【记忆宝典】

从上面的故事中我们可以看出注意力对记忆力所产生的影响。下面，我们就先来了解一下注意力是如何对记忆力产生影响的。

如果一个人的注意力差，那么他所接收的信息量就会变少，比如上语文课时老师讲了一篇课文，结果我们听课时一直都在想着正在玩的游戏怎么才能通关，老师讲的内容我们一个字都没听进去。这样一来，我们自然是什么都记不住了。

此外，如果我们在接收信息的过程中注意力分散了，那记忆力也是会受到影响的。比如一个人一边听音乐一边背诵单词，那么他最后很可能根本记不住几个单词，这是因为在背单词时音乐对我们的大脑造成了额外的干扰。所以，要想解决记忆力差的问题，就必须先把注意力不集中这个问题解决掉。

注意力就是一种集中精神注意行为和事物，并且将它们固定于意识之中的能力，所以注意力越强，我们对于所关注事物的印象也就越深刻。日常生活中我们之所以会将一些自己感受过的、听到见到的东西给忘掉，主要是因为我们没有注意它们。

而我们在面对自己喜欢的事物时都可以集中注意力，比如看到自己喜欢的衣服、女友的照片、感兴趣的文字时，我们的注意力会高度集中。所以在日常生活中，我们应该多找一些自己喜欢的、感兴趣的东西进行注意力训练。

我们还要重视对自身注意力的测定，它主要包括注意力的广度、稳定性、转移、分配等多项内容。其中最重要的一项是注意力的广度，也被称为注意力范围，具体指的是个人在相同的时间里所能把握的对象的数目。

视觉的注意力范围通常是利用速视器来进行测定的，在不超过十分之一秒的时间里，在速视器上面会出现一些印有字母、数字和图形的卡片，因为它们所出现的时间很短，眼睛根本就来不及移动，所以被测试的人所能够知觉的对象数量也就表示了其视觉注意力的广度。大量研究结果表明，在十分之一秒的时间里，一个成年人通常能够注意到 4 ~ 6 个彼此之间没有联系的外文字母，或是 6 ~ 8 个黑色圈点。

此外，知觉对象的特点也影响着注意力范围的大小，比如排列成一行的字母就要比分散在各个角落的字母的注意项目要多一些，那些大小相同的字母则要比大小不同的字母所能注意的项目多一些。所以，注意的对象越是集中，排列得越是有规律，注意的范围也就越广。

我们在日常生活中该怎样做，才能集中注意力呢？

第一，要有一个比较安静的学习环境。其中主要有两个原因：一是只有在安静的环境里我们才能专心地做一件事；二是一个相对固定的安静环境可以让我们在学习时能够处于持续同样的外部条件之下，这时我们就会产生集中注意力的条件反射。因为当我们处于相同的外部条件下时，我们的思想就会很自然地处于注意、警觉和专心的状态。随着这样的习惯的养成，我们要集中注意力就会变得很容易。相反，如果不具备这样的条件，那就很有可能会产生相反的效果。

第二，要学会自我调节放松。我们可以以很舒服的姿势躺在床上或是坐在椅子上，然后向身体的各个部位传递休息的信息。先从左脚开始，绷紧左脚的肌肉，然后慢慢松弛下来，同时要暗示它进行休息，随后要依次命令脚踝、小腿、膝盖、大腿，一直到躯干，让它们进入休息状态。然后是左右手慢慢放松，再从躯干到颈、头、脸，让全身都得到放松。这种放松训练的技能需要进行反复的练习才可以比较熟练地掌握，如果我们掌握了这种技能，就可以在几分钟的时间里让自己达到轻松、平静的状态。在这样的状态下，我们的注意力自然就会得到提高。

第三，舒尔特方格。找一张方形卡片，画上 1 厘米乘以 1 厘米的方格，总共画 25 个，然后在格子里面任意写上 1 ~ 25 这 25 个数字。训练时要用手指按着 1 ~ 25 的顺序依次找出它们的位置，同时还要读出声，并且要记录找到全部 25 个数字所用的时间。所用的时间越短，就表示注意力越高，而且按照这个方法多加练习，可以有效地提高注意力。

舒尔特方格

1	2	11	12	22
3	4	13	14	21
5	6	15	16	24
7	8	17	18	25
9	10	19	20	23

第四，倒着数数。心理学家通过研究发现，倒着数数也可以集中注意力，并且将这样的方法称为计数训练法。大家可以从 100 倒着数到 1，也可以从 100、98、96……依次倒着数到 2，就这样反复地练习，注意力一定可以得到提高。

年龄也会影响记忆

【记忆故事】

老张已经退休七八年了，从去年开始，他就明显地感觉到自己的记忆力下降了，有时候明明和老朋友约好了一起下棋，可是到了约定的时间他却记不起来了，还让老友埋怨他不守承诺。此外，以前做事从来都不会丢三落四的他，现在也开始经常找不到东西了。

这样的变化让他非常慌张，因为退休之前他是有名的好记性，不但能够同时记住很多事，而且一本书看上一两遍，他就能把里面的内容记个大概了，大家都说他聪明，脑子好使。可现在自己却变成了这样，所以他很担心自己是不是得了老年痴呆症，最后他实在是忍不住了，就让女儿陪他到医院进行检查，结果医生告诉他，他并没有得老年痴呆，他的情况属于记忆力衰退，是正常情况，还说人年纪大了，通常都会出现记忆力衰退的情况，不用太担心，而且这样的情况也是可以改变的，还给他介绍了几种提高记忆力的方法。

【记忆宝典】

日常生活中，人们普遍认为自己的记忆力会随着年龄的不断增长而不断减退，所以我们总是能听到一些老年人感叹自己的记忆力与年轻时相比真是差远了，却很少会有年轻人觉得自己的记忆力衰退了，或是出了什么问题。

一位科学家在对老年人的记忆力进行了多年的研究后发现，60 岁以上的老人的认知与回忆能力与 20 年前相比确实要差很多，但是他们认知与记忆的效果又比那些比自己年纪更大的人要好，所以记忆力与年龄之间确实存在着某种重要的联系。可是，大量调查研究显示，有大约三分之一的老人对在生活中所接触到的事物与人名的记忆效果和 20 岁的年轻人是一样的，这就说明记忆力随着年龄增长而衰退这件事并不是不可避免的，也就是说年龄大了之后记忆力确实会衰退，但是我们也可以想办法保持自己的记忆力。

而人的记忆力之所以会随着年龄的增长而发生变化，主要是因为大脑在不同的年龄阶段会有不同的状态。科学家发现，随着机体年龄的增长，大脑检索事件的细节以及回忆经历的能力会随之下降，这也是老人为什么无法记起很多事情的细节的原因。

此外，研究还发现，人类的记忆力在 16 ~ 23 岁之间会处于记忆高峰，记忆的错误率也是最低的，而 23 岁之后我们的记忆力就开始缓慢地衰退。所以，记忆力随着年龄的增长慢慢衰退这件事是很正常的。

而且我们前面也提到过，人们年龄大了之后记忆力确实会衰退，但是我们可以想办法延缓记忆力衰退，具体方法如下：

首先，要坚持学习。调查研究显示，一个年近 70 的老年人如果能坚持学习或是研究，那他的记忆力要比一个四十多岁但是不善于进行思考与智力训练的人好很多。此外，研究还发现，坚持阅读与研究可以让成年人的思维变得更活跃，而且还能让他们更容易记住曾阅读和记忆过的东西。

其次，平时可以多做一些益智类游戏，比如填字游戏、数独、猜谜，等等，还要积极培养各种爱好。

	1	一		二		三		四		
五										六
2	七							3	八	
			4			5				
九 6		十						十一 7		十二
		8			十三					
9	十四								十五 10	
	11						12			
十六 13				十七 14		十八			15	十九
		廿 16				17		廿一		
18				19				20		

最后，要进行体育锻炼，尤其是有氧运动，如快步走等。这样的有氧运动对我们的记忆存储和再现具有较强的积极作用，而且有研究表明海马体等对记忆非常重要的大脑区域的容量会因为有氧运动而得到增加。

健康对记忆的影响

【记忆故事】

王丽最近在医院体检时，医生提醒她说要注意控制体重，如果体重控制得不好，那得高血压和高血脂的概率就会增加。她很重视医生的话，从医院出来后就下定决心要减肥，并且还决定拉上老公一起减，因为老公也属于体重偏胖的类型。

就这样她和老公踏上了减肥之路，而他们所选择的减肥方法也很简单，那就是节食。一开始他们的体重下降得是挺快的，但是过了一段时间后，体重下降的速度就变慢了。此外，节食减肥真的很辛苦，王丽就多次被饿哭过，而且她和老公都发现，自从开始减肥后他们俩的记忆力都发生了不同程度的下降，他们的反应变慢了，两个人的情绪也受到了影响，经常吵架。眼看着情况越来越不好，他们才终于停止了减肥，并向医生求助，结果医生告诉他们，是节食影响了他们的身体健康，健康受到影响后他们的记忆力以及别的方面也就出现问题了。

【记忆宝典】

从上面的故事中我们可以看出，健康对记忆会产生影响，下面我们就来看一下健康是如何影响人的记忆力的。

澳大利亚的一个科研机构对大约 2.6 万人进行调查后发现：那些经常看电视和酗酒的人记忆力会比较差，而在日常生活中经常做一些填字游戏、读书以及吃鱼的人记忆力则会比较好。此外，澳大利亚的一个心理学家通过研究发现，经常锻炼、积极的生活方式以及良好的饮食习惯是拥有好记忆力的关键，而且她还强调，在日常生活中我们应该多用脑，最好是养成阅读的习惯，并且平时要做一些智力游戏，这样做可以让大脑主动思考，任何主动思考对改善记忆力都是有所帮助的。

此外，要想有一个好的记忆力就必须保持充足的睡眠。研究表明睡眠不足会对一个人的心理健康和记忆力造成负面影响，从调查数据来看，对于晚上的睡眠时间经常少于 5 个小时的人来说，他们的记忆力会出现明显的下降，比如他们会忘记做某项工作，抑或是想不起事情发生的地方，等等。所以成年人每天应该睡 7 ~ 8 小时，而充足的睡眠也被研究者视为应该优先倡导的健康行为，它与合适的体重、健康的饮食以及体育锻炼同样重要。

【合适体重判断标准】

BMI 指数是国际上用来对人体的胖瘦程度进行衡量以及判断其是否健康的一个标准，具体来说就是用体重公斤数除以身高数的平方所得出的数字。当我们需要比较以及分析体重对于不同身高的人所带来的健康影响时，BMI 会是一个较为可靠的指标。

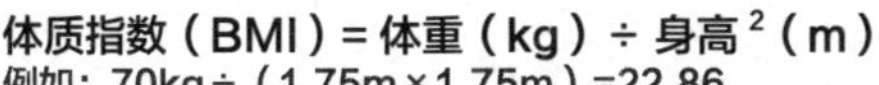

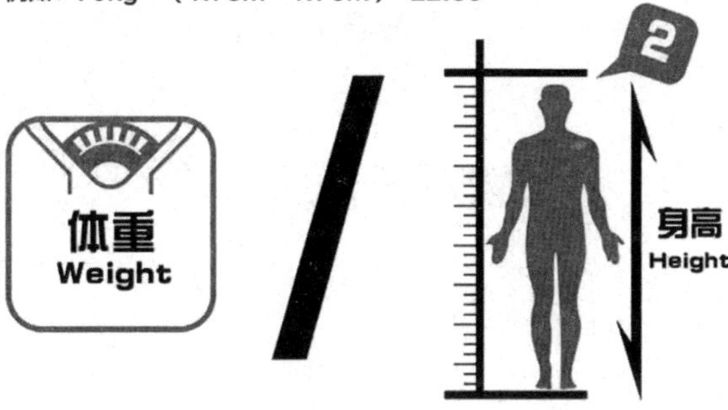

标准体重对照表

BMI 分类	WHO 标准	亚洲标准	中国参考标准	相关疾病发病的危险性
体重过低	BMI<18.5	BMI<18.5	BMI<18.5	低（但其他疾病危险性增加）
正常范围	18.5 ≤ BMI<25	18.5 ≤ BMI<23	18.5 ≤ BMI<24	平均水平
超重	BMI ≥ 25	BMI ≥ 23	BMI ≥ 24	增加
肥胖前期	25 ≤ BMI<30	23 ≤ BMI<25	24 ≤ BMI<28	增加
Ⅰ度肥胖	30 ≤ BMI<35	25 ≤ BMI<30	28 ≤ BMI<30	中度增加
Ⅱ度肥胖	35 ≤ BMI<40	30 ≤ BMI<40	30 ≤ BMI<40	严重增加
Ⅲ度肥胖	BMI ≥ 40.0	BMI ≥ 40.0	BMI ≥ 40.0	非常严重增加

食物对记忆的影响

【记忆故事】

陈鹏今年读高二，最近一段时间他觉得自己的学习变得很吃力，尤其是语文、历史、地理、英语这些需要大量背诵的课，原本一篇课文他花半个小时就背会了，现在得花50分钟，甚至是1个小时，而且好不容易背会了，没过多久就忘了。

这样的情况让陈鹏很苦恼，于是他告诉了爸妈。爸妈知道后觉得他是因为学习压力太大了，就决定给他减轻一下压力，所以周末的时候就不让他做那么多卷子了。可就这么试了一段时间后，他的记忆力还是没有恢复到原来的状态，爸妈就怀疑他是不是生病了，于是带他去做了个检查。检查结果表明，他的身体好好的。那么记忆力为什么会下降呢？医生说记忆力下降的原因很复杂，不过也不用太着急，要想提高记忆力，平时除了要有良好的生活习惯以及参加锻炼外，最好是多吃一些可以增强记忆力的食物，比如牛奶、鱼、红薯、燕麦、香蕉等，坚持吃这些食物，慢慢地记忆力就会恢复了。

回家之后，爸妈就按照医生说的方法让陈鹏坚持吃一些能够提高记忆力的食物，过了一段时间后，他的记忆力不但恢复到了原来的状态，还较之前有所提高了。

【记忆宝典】

大量的调查研究证明，食物会对记忆力产生影响，如果能在日常生活中合理地饮食，多吃一些有助于提高记忆力的食物，那我们的记忆力就能够得到有效的增强。下面我们就来简单介绍一些有助于增强记忆力的食物：

1. 花生。花生含有丰富的卵磷脂和脑磷脂，是神经系统所需要的重要物质，可以有效地延缓脑功能的衰退。大量实验证明，经常吃花生可以改善脑血液循环，延缓衰老，增强记忆。

2. 鸡蛋。它含有丰富的乙酰胆碱，可以改善精神状态和记忆力。每天吃上一两个鸡蛋就可以向人体提供足够的胆碱，对保护大脑、增强记忆力都会有很大的帮助。

3. 油梨。油梨中含有丰富的油酸，是短时记忆的能量来源，不过每人每天只需要吃半个油梨就够了。

4. 苹果。每天吃一个苹果可以让我们反应敏捷，并拥有良好的记忆力。苹果中含有丰富的锌，它是人体内许多重要酶的组成部分，也是构成对记忆力来说必不可少的核酸以及蛋白质的重要元素。

5. 蓝莓。长期吃野生蓝莓可以加快大脑海马体的神经元细胞的生长分化，能够有效提高记忆力。如果野生蓝莓不好买的话，可以用蓝莓饮料代替。

6. 鱼。淡水鱼的鱼肉中含有丰富的不饱和脂肪酸，吃这样的鱼肉不但不会对动脉血管造成危害，相反还能起到保护血管的作用，并且有助于促进脑细胞的活动，从而增强我们的记忆力。

7. 红薯。红薯中含有丰富的 β－胡萝卜素，哈佛大学的相关研究指出，β－胡萝卜素可以有效地延缓因为年老而带来的脑力退化，还可以让上班族保持更加敏锐的思考反应能力。

8. 燕麦。燕麦中含有丰富的维生素 B、E 及矿物质锌等对大脑有帮助的营养素，其中维生素 E 可以有效地防止大脑的衰退老化，而锌则是多种酶的重要组成成分，可以增强记忆力。

了解了可以增强记忆力的食物后，我们再来了解一下那些会导致记忆力衰退的食物：

1. 味精。一个人如果食用过量的味精，就可能对脑细胞的正常活动造成干扰，很可能会影响记忆力，所以平时要尽量少吃味精。

2. 皮蛋。皮蛋中含有一定量的铅，经常食用可能会导致铅中毒，而铅中毒的表现是失眠、智力减退等。

3. 鲜橙汁。鲜橙汁中含有的热量比汽水高很多，而人体如果摄入过量的糖，那么在新陈代谢的过程中就会消耗掉更多的维生素 B1，如果它得不到及时的补充，人就很容易觉得疲倦或是导致注意力涣散，这样一来自然就会影响记忆力。此外，血糖偏高的话也会影响新陈代谢，从而对记忆力造成负面影响。

4. 臭豆腐。它经过高温油炸后，所含有的油脂分子会被破坏掉，从而形成有害的物质，对大脑神经造成危害，并且对记忆力造成负面影响。

药物会导致记忆力衰退

【记忆故事】

王伟今年40岁，是一家公司的销售总监，由于工作压力大，他晚上经常失眠，想了很多办法都解决不了这个问题，没办法他只好通过吃安眠药来改善睡眠。此外，因为工作的需要，他应酬很多，大量饮酒，而且经常是大鱼大肉，所以年纪轻轻就得了高血压，不得不吃降血压的药。虽然他也知道吃这些药肯定会对身体造成负面影响，可是他一点办法也没有。

最近一段时间，他明显感觉自己的记忆力大不如前了，很多事刚做完就忘，甚至连一些重要的日程也会忘记，已经对工作产生了不好的影响。公司老总认为他可能是太累了，就亲自给他批了一周的假，让他好好休息一下。虽然老总这么照顾他，可是他心里却一点也不轻松，因为如果这种记忆力衰退的情况持续下去，那自己的工作就一定会受到影响，时间长了自己可能会失去工作，所以他决定弄明白自己记忆力衰退的原因。

于是，他利用休假的时间到医院做了个检查，结果表明他的身体还是老样子，并没有添什么新病。不过当他聊到自己一直在吃安眠药和降血压药时，医生找到了他记忆力衰退的原因，原来这两类药都会对记忆力造成负面影响。

【记忆宝典】

从上面的故事中我们可以看出：有些药物会对记忆力造成负面影响，从而造成记忆力衰退。下面我们就来了解一下哪些药物会导致记忆丧失或是记忆力衰退：

1. 辅助睡眠药物

很多安定类药物在改善睡眠的同时也会让我们的记忆力发生衰退。因为这类药物虽然在分子结构上与苯二氮类药物不相同，但是它们在大脑通路与化学信使中却扮演着相同的角色，而且还会产生类似的副作用以及成瘾等问题，并且会导致遗忘症。

2. 抗精神失常药物

这类药物会导致大脑的记忆力衰退和计算能力下降，还会使反应变得迟钝。

3. 降血压药物

长期服用降压药，很有可能会引起注意力不集中、反应迟钝、嗜睡等症状，从而造成记忆力衰退。因为这类药物中所含有的 β－受体阻滞剂被认为会通过对大脑中部分关键化学信号产生阻断的方式而导致出现记忆问题。

4. 降胆固醇药物

胆固醇是大脑的重要组成部分，大脑有四分之一的成分是胆固醇，而大脑中的胆固醇对形成神经细胞之间的连接以及维持记忆与学习能力都发挥着重要作用。降胆固醇药物则会降低大脑中的胆固醇，从而对记忆力造成负面影响。

5. 抗抑郁药

来自美国科研机构的一份研究报告显示，大约有 35% 服用此类药物的成年人都出现了一定程度的记忆障碍，54% 的人在集中注意力时则会发生困难。

6. 麻醉药

研究表明，长时间服用这类药物会对人的短期记忆和长期记忆造成干扰。

7. 抗焦虑药

这类药会对大脑关键部位的活动造成抑制，其中就包括从短期记忆到长期记忆的转化活动。也正是这个原因，在有些手术中医生会将这类药物加到麻醉药中，这样做可以帮助患者忘记手术中那些不愉快的体验。

8. 抗胆碱药

这类药物会抑制处于记忆与学习中心区域的乙酰胆碱发挥作用，当服用这类药物超过一段时间后或是联合服用别的会对乙酰胆碱造成影响的药物时，记忆丧失的风险就会有明显的增加。

情绪对记忆的影响

【记忆故事】

前段时间，王涛的妈妈不幸遭遇了车祸，在医院经过一番抢救后总算是脱离了生命危险，可是由于伤得比较重，所以需要留在医院进行治疗。王涛非常担心妈妈会留下什么后遗症，所以这段时间里他一直都很焦虑，慢慢地在工作中开始多次出错，记忆力也开始减退。一开始是开会时忘了带材料，后来是签合同时忘了带合同，慢慢地领导交代办的事他也会忘，再后来他居然连与客户约定的见面时间也忘了，甚至还会忘记客户的名字，弄得客户挺不高兴的。在这样的情况下，公司领导觉得他没办法正常地工作了，就给他放了假，让他好好照顾妈妈，等妈妈的病彻底好了再来上班。

【记忆宝典】

从上面的故事中我们可以看出：当一个人处于焦虑情绪中时，记忆力就会减退，由此可见情绪会对记忆力产生影响。那么，人的情绪变化会对记忆产生怎样的影响呢？

研究表明，当一个人生气时，他会倾向于记忆那些与阻碍他实现目标有关的信息。比如两个相爱的人因为家长的阻挠而没能在一起，那他们两个就一定会记住当初家长是因为什么阻止他们在一起的，对于这些信息，他们的记忆会非常深刻。一个快乐的人则很容易就觉察到快乐信号，并且会回忆起与快乐信息有关的各种情境，而不是一些具体的细节。

研究者在对经历了持枪抢劫事件的目击证人进行调查后发现：消极情绪会对他们的注意力和记忆造成限制，他们会倾向于回忆关于枪的细节，而不是犯罪者具体的外貌特征。因为当时他们更关注的是武器是否对准了他们，所以他们的注意力才会聚焦到武器上。所以当一个人在经历消极情绪时，他就会倾向于将注意力集中于事件的具体细节上。

当一个人处于恐惧情绪中时，记忆力会得到增强，美国新泽西州立大学的研究者利用小白鼠做了一项实验，结果发现当小白鼠学会将一种气味与一种让它感到害怕的记忆联系在一起的时候，它的嗅觉神经元能够让他对这种气味的恐惧记忆增强，而我们平时常说的“不打不长记性”，讲的也是恐惧情绪可以增强记忆力。

一个人如果长期处于焦虑情绪中，那么不但他的身体健康会受到影响，比如导致失眠、增加心脏负担、提高癌症发病率等，还会造成记忆力的下降。因为当一个人焦虑时，他只会将注意力放在自己的身上，对其他事则毫不关心，可是注意力又是记忆力的基础，所以如果我们长时间不关注外部事物，那记忆力肯定会下降。

当一个人经历了重大变故或是挫折时，通常都会被悲伤和痛苦的情绪所包围，这时他同样很难将注意力放在自己之外的事情上，这样一来他的记忆力自然就会下降。一项有 9000 人参与的研究报告称，那些长期抑郁的人的大脑中的海马体的体积与健康人相比要明显小很多，而海马体是大脑中负责记忆与学习的主要区域。

此外，杜克大学的一位心理学教授研究发现，当一个人回忆自己生活中的某一段情节时，会更加倾向于回忆那些更为生动的情绪记忆。不过，这位教授提出，我们所回忆起的这些情绪记忆的细节特征很有可能是虚假的，因为人们会主观地将自己缺失的记忆填满。

美国斯坦福大学的心理学家波卫尔通过研究发现，一个人的记忆力与情绪状态之间有着密切的关系。人们从记忆深处回忆某一事物的结果，往往由回忆者此时的心情是否与回忆者在这件事发生时的心情相一致来决定。他曾让学校的 6 个学生小组参加了一次情绪与记忆的测验。

在这次测验中，他要求学生在催眠状态下对自己亲身经历过的欢乐、愉快的情景进行回忆，然后让这些学生在快乐的情绪中学习一张列成 16 项的、相互之间没有任何关联的单词表，等学生学完之后，他让其中一部分人继续在欢乐的情绪中学习第二张单词表，让另一部分学生用同样的方法进入忧伤情绪，然后让他们在忧伤的情绪中学习新的单词表，最后再对所有学生记忆第一张单词表的情况进行测验。

结果发现，如果回忆时学生的情绪与记忆第一张单词表时的情绪相同，那么他对第一张单词表的记忆成绩就会比较好。比如如果学生对单词表的记忆是在快乐情绪下获得的，而且又是在一种高兴的状态下进行回忆，那他能够回想起来的内容就会比较多；但是如果学生是在忧伤的情绪下进行回忆，那么他回忆的成绩就会比较差。

同时，波卫尔还发现，一个人对童年经历或是个人经历的回忆，很大程度上取决于回忆时的情绪。一个快乐的人所能回忆起的快乐的事要比不快乐的事多得多，而一个容易发怒的人在面对一些不带感情色彩的言语时就经常会产生愤怒的联想。

压力对记忆的影响

【记忆故事】

自从陈亮有了孩子之后，他就觉得自己所承受的压力变得越来越大了，最明显的就是要花的钱越来越多，而且是成倍地增长，比如孩子现在上幼儿园，每个月的学费就5000块，除此之外还有各种别的花费。他和老婆上班挣的那点工资根本就不够花，无奈之下他只好又做了一份兼职，所以现在的他每天都非常累，而且压力很大，生怕工作上出现什么问题而丢了工作。

可是越怕什么就越是来什么，由于长时间处于压力之中，他的记忆力慢慢出现了问题，很多东西都记不住，这样一来他的工作就经常出现差错。一次两次的老板看他是老员工就没说什么，可次数多了，老板也忍不住了，就找他谈话，让他在工作上多留点心，还说如果再出现问题，就要辞退他，这下他的压力更大了。

【记忆宝典】

在当今这个快节奏的社会里，每个人或多或少都承受着一定的压力。适度的压力会增强我们的记忆力，但是如果一个人所承受的压力过大的话，那他的记忆力就会遭到损害。

加利福尼亚大学欧文分校的研究者发现，持续几个小时的短时间压力就足以对大脑中与学习和记忆有关的区域的脑细胞之间的沟通造成损害。简单点说，就是短时间的压力也会对记忆造成损害。而之前我们只知道持续几星期或是几个月的较长时间的压力，会对大脑学习与记忆区域中细胞的通信交流造成损伤。

研究人员发现巨大的压力会激活促肾上腺素释放激素即 CRH，从而对大脑的连接与储存记忆的过程造成破坏。那么，CRH 是如何对记忆造成破坏的呢？我们的学习和记忆都和突触有关系，脑细胞是通过它进行通信交流的，而这些突触则以一种较为特殊的枝状突起生长在神经元上，被称为树突。而研究者发现，大脑中主要的学习和记忆中枢海马体所释放的 CRH 会导致树突的快速蜕变，从而对突触的结合力与储存记忆的能力造成削弱。

此外，研究者还发现如果对 CRH 与受体的相互作用进行抑制，就可以消除压力对海马体细胞中与学习和记忆有关的树突的损害。

研究者对承受沉重精神压力的人进行研究后也发现了同样的记忆问题。美国耶鲁大学的心理学家对曾参加过越南战争并且因为外伤而受到精神刺激的老兵进行大脑检测，结果发现他们大脑里的海马体组织比正常人小了 8%，就是说他们的大脑已经萎缩了。此外，研究者对一些在童年时受到过凌辱或是虐待的人进行了类似的研究后发现：他们的海马体组织也同样出现了萎缩，而且受过刺激的人在回忆往事的测验中的得分都要比正常人低 40%。

但是，那些经历过极度压力的人可能会对自己所经历的一些让自己情绪激动的事件保持着深刻的记忆，这就说明在记忆编码期间或是之前发生的危险，可能会促进记忆的形成。

需要说明的是，当我们所承受的压力得到缓解后，记忆力也会跟着有所恢复。美国俄亥俄州立大学的研究人员发现，用于实验的老鼠在摆脱压力之后会在 28 天以内恢复记忆，但是它会在长达 4 个星期的时间里出现社交回避等抑郁症状。

如果我们察觉到自己承受了较大的压力，那就要想办法给自己减压。下面是专家推荐的一些帮助我们减轻压力的方法：

1. 多想一些美好的事，让自己保持乐观的心态

压力与紧张感主要源自心理作用，所以试着去改变自己的心态是很重要的，在生活中我们应该多想一些让自己开心的事。此外，我们就算心情偶尔消沉也没关系，只要保持乐观的心态，相信事情一定会朝着好的方向发展就可以，而且很多事情并没有我们想的那么严重。

2. 腹式呼吸法

具体来说就是进行深呼吸，动作越慢越好，吸气时肚子会慢慢胀起来，这时要憋住气，5 秒后再慢慢吐气，吐气时肚子要慢慢地陷下去，就这样重复几次。这个方法是东方和西方共通的舒缓压力的有效方法，瑜伽、气功等静心调息训练所使用的都是这种腹式呼吸法。

3. 泡脚

通常来说，我们的脚底会累积很多酸性物质，泡脚不但可以打通人体的气血经络，消除酸痛，还可以有效地舒缓压力。需要注意的是，吃饭前和饭后是不适合泡脚的。

【自测：你所承受的压力有多大】

请认真阅读下面的题目并根据自己的真实情况选择相应的选项：

1. 我总是试图去取悦别人。

经常：2 分；有时：1 分；绝不：0 分。

2. 我很容易为一些小事感到沮丧。

经常：2 分；有时：1 分；绝不：0 分。

3. 如果我要做的事因为别人的影响被推迟了，我会觉得很不耐烦。

经常：2分；有时：1分；绝不：0分。

4. 我会觉得呼吸过度或是呼吸困难。

经常：2分；有时：1分；绝不：0分。

5. 我一觉睡醒后会觉得神清气爽。

经常：0分；有时：1分；绝不：2分。

6. 我经常会感到孤独。

经常：2分；有时：1分；绝不：0分。

7. 我很在意别人对我的看法。

经常：2分；有时：1分；绝不：0分。

8. 我与朋友一起度过了美好的时光。

经常：0分；有时：1分；绝不：2分。

9. 早上时，我会自然醒来。

经常：0分；有时：1分；绝不：2分。

10. 我会经常担心事情的发展脱离我的预想和期盼。

经常：2分；有时：1分；绝不：0分。

11. 我会忍不住查看手机，不看就难受。

经常：2分；有时：1分；绝不：0分。

12. 周末时我能控制自己不使用科技产品。

经常：0分；有时：1分；绝不：2分。

13. 我会将自己与在社交媒体上所读到的故事中的人物进行比较。

经常：2分；有时：1分；绝不：0分。

14. 我感觉我的生活有目标。

经常：0分；有时：1分；绝不：2分。

15. 我会对金钱感到担忧。

经常：2 分；有时：1 分；绝不：0 分。

16. 我会原谅自己所犯下的错误。

经常：0 分；有时：1 分；绝不：2 分。

17. 我对自己的外貌感到高兴。

经常：0 分；有时：1 分；绝不：2 分。

18. 我总是觉得自己有着充沛的精力。

经常：0 分；有时：1 分；绝不：2 分。

19. 我会在睡觉之前躺在沙发上睡着。

经常：2 分；有时：1 分；绝不：0 分。

20. 我会梦想着自己会有一个完全不同的人生。

经常：2 分；有时：1 分；绝不：0 分。

将每道题的得分相加就是最终的得分，具体的分析结果如下：

0 ~ 10 分：如果你是这样的得分，就说明你有很多题都得了 0 分，这就说明你已经非常好地照顾到自己以及自己的情绪，而且或许你抵抗压力的习惯也已经养成了。所以你应该好好看一下那些自己得 1 分或是 2 分的题目，现在也是时候去解决那些生活中让你失望或是沮丧的问题了。其实解决这些问题并不是什么困难的事，重要的是你要弄清楚自己想要什么、又需要付出一些什么。

11 ~ 20 分：这样的人总是会有一种挥之不去的不安全感，而且他们总是会不自觉地担心事情会出错，或是对生活已经不再有激情了。如果你是这类人，你应该在事情超出你的控制之前，找个机会好好休息一下，还要准备好问自己一些可能会让你觉得不舒服的问题，要意识到这是开阔自己眼界的关键。

21 ~ 40 分：这样情况的人不管在身体还是精神上都需要好好照顾自己

了，最好是能多给自己一点独立的空间。虽然拿出一部分时间独处。或者没有手机这些事会让你觉得恐惧，但是你心里知道自己应该这么做，即使你害怕停下来会让自己困惑、心痛或是更加失望，但坚持下去才能防止你崩溃。

第三章

超实用的记忆方法（一）

联想记忆法

【记忆故事】

上初中的王军很怕上地理课，因为他觉得每天都要记那么多国家、地区，甚至是城市的名字，根本就记不住，这让他很烦恼。所以他一直在琢磨着怎么才能让自己记住这么多名字，可是很长时间都不得要领。

这天回家，爸爸看到他愁眉不展的样子，就问他怎么了。他说再过两周就要考地理了，可那么多地名自己根本就记不住，很怕挂科，然后他就对爸爸说了具体的情况。爸爸听了之后就告诉他：其实要想解决这个问题也不难，只需要在记忆地理知识时多联想一下就行。接着爸爸就让他写了一些之前学过的国家名或是城市名，爸爸看了之后说，如果你把这些名字连在一起，编成一个故事就容易记住了。

然后，爸爸认真看了看他写的那些名字，过了一会儿，爸爸就编出了这样一个故事：

从前在大山里有一个柬埔寨，寨子里住了个老人叫阿拉伯。有一天，阿拉伯带着墨西哥去爬山，结果从最南边的那个老窝（老挝）飞来了一匹长着好望角的骡马（罗马），把阿拉伯吓得出了一身阿富汗。于是他赶快钻进了自己的名古屋，关上了也门，这时候却不小心碰掉了一颗西班牙。

王军听了爸爸编的这个故事，觉得很好玩，很快就记住了那些名字。

【记忆宝典】

简单来说，联想记忆法就是利用事物之间所存在的联系，然后通过联想进行记忆的方法，这里所说的事物之间所存在的联系包括识记对象与客观现实的联系、已知与未知之间的联系、所识记的材料内部各部分之间的联系。而联想指的是由自己当前所感知或是思考的事物想起与之相关的另一个事物，比如我们想到了老师就会联想到很多作业或是粉笔灰。

通常来说，互相接近的事物、相反的事物、相似的事物之间是很容易产生联想的，而用联想来增强记忆也是一种比较常用的方法。

联想

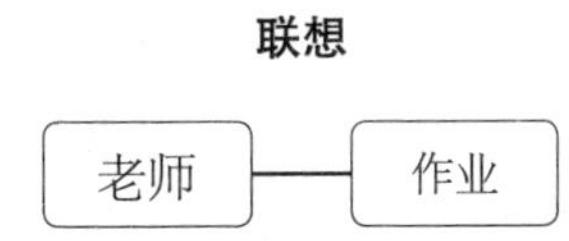

联想记忆法主要可以分为以下几类：

1. 相似或是类似联想法

具体来说是根据不同的事物在成因、性质、规律等方面所具有的相似的点而建立起来的记忆方法，该方法有助于我们发现事物的共性，强化记忆。比如某小学为了找出一种可以让学生在短时间内记住大量生字的方法，就在日常的教学中运用了类似联想记忆法，具体来说就是把那些读音和字形比较相近，能够引起学生联想的字编成一组，比如将“例、利、力、俐、厉、励”放在一起让学生记忆，结果学生记得很快，在较短的时间内记住了更多的字。

另外，在记忆国家名字时可以结合他们在地图上的形状来记忆，比如意大利的国土形状像靴子，那么我们想起靴子时就能想到意大利。如果我们一时想不起靴子的形状，那还可以直接用汉字来代替。

相似联想法

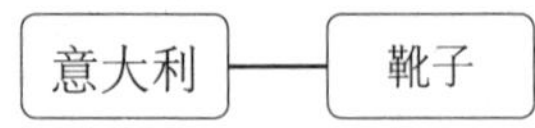

2. 对比联想法

日常生活中，当我们看到、听到抑或是回忆起某个事物时，通常会想起与之相对的事物，这就是对比联想。比如当我们想起王安石变法，就一定会想起当时阻挠变法的顽固派；想起岳飞就会联想到秦桧；觉得夏天很热，就会不由自主地想到冬天的寒冷；等等。通过对比联想，可以帮助我们了解事物的差异性，并掌握其各自的特性，增强记忆。

3. 接近联想法

所谓接近联想法，具体来说，就是事物在时间、空间或是性质上有接近的地方，以此为基础建立起来的联想记忆方法，这样的方法可以帮助我们把新旧知识联系起来，增强知识的凝聚力。比如在学习世界历史时，当我们学到俄国彼得一世改革时，就可以联想到日本的明治维新；想到西汉末年的绿林军时，就可以联想到当时的另一支起义军赤眉军，而且我们还可以分别用绿色和红色来代替他们；还有当我们想到亚马孙平原时，就可以联想到亚马孙河以及亚马孙雨林；等等。

此外，如果我们一时想不起一个诗人的名字，就可以回想一下之前学习时，课本上排在他之前的诗人是谁，再想想排在他之后的诗人是谁，这样可能就会想起来了。

接近联想法

亚马孙平原——亚马孙河——亚马孙森林

4. 形象联想记忆法

所谓形象联想记忆法，具体来说，就是把所需要记忆的材料与某种具体的数字、字母、图形或是事物等联系在一起，并借助形象思维进行记忆。这样做既可以调动学生学习的积极性，又有利于加深记忆。比如我们在学习新疆的地形特征时，可以将其与新疆的“疆”字的右半边联系起来，其中三横表示新疆的三座大山，即昆仑山、天山和阿尔泰山，两个“田”表示新疆的塔里木盆地和准噶尔盆地。

在使用联想记忆法记忆材料时，还应注意以下几个问题：

1. 要注意知识的积累

联想是在新知识和旧知识之间建立起联系，所以先学的知识应该成为后来学到的知识的基础，那旧知识积累得越多，与新知识的联系途径也就越广泛，就越容易产生联想，同时也会让我们更容易理解和记忆新知识。

2. 要选择好联想的中介物

所谓联想的中介物也就是联想的通道，这是记忆的关键，如果中介物选择得好，那就能很容易联想到某种材料，问题就容易解决；如果中介物选择得不好，那我们可能就想不起来了。

3. 要注意多做练习

平时没事的时候我们要多进行联想记忆法方面的练习，在练习时可以使用卡片进行辅助。可以先在若干张卡片上写上各种各样的事，写过之后把它们弄乱，然后从中选出 15 张，将它们一张一张地摊开，运用合适的联想记忆方法将它们连接在一起，随后按照一定的顺序将这 15 件事复述出来。

就这样练习过几遍后，我们可以找朋友来帮忙，让朋友随便说出 15 件事，并将这些事写在纸上。然后我们运用联想记忆法将这些事连接在一起，最后我们要对着朋友将他写下的这 15 件事按照顺序复述出来。

需要注意的是，刚开始练习时我们要先从一些具体的、有形的、容易联想的事物或是事情入手，熟练之后再插入一些比较抽象的内容，而这时候就要使用替代法，简单来说就是要把那些抽象的内容用自己比较容易记住的、容易联想的东西代替。

重复记忆法

【记忆故事】

去年一次很偶然的机会，冯华参加了一次读书会，从那以后他就被这种学习交流活动给吸引住了，只要是周末有时间他都会坚持去参加。参加的次数多了，他发现其中一个叫刘诚的主讲老师记忆力特别好，一本两三百页的历史书，他在讲的时候可以完整地复述里面提到的细节，而且在讲的过程中能够旁征博引，所引用的诗词文章、学术观点也是丝毫不差。这让冯华特别佩服，因为他记忆力就不怎么好。

有一次参加完读书会，正好刘老师还在，因为大家经常见面，已经比较熟了，于是冯华就鼓起勇气走上前去问他:“为什么你的记忆力能那么好？对书上的内容能记得那么准？”刘老师听了笑着说:“其实很简单，就是重复记忆。这本书我在和大家分享前，会起码看上两遍，有的还得看三遍，而我之所以在讲的时候能引用很多东西，是因为我一直在复习，平时没事的时候就会背背、抄抄，这样一来我记得自然就清楚些，其实你只要能坚持复习所学的知识，你的记忆力也会提高的。”

【记忆宝典】

故事中提到了重复记忆，所谓重复记忆，简单来说就是将所记忆的内容连续重复学习或是隔一段时间就重复学习一次，经过多次重复之后实现永久记忆的记忆方法。这样的方法是有科学依据的，科学研究表明，记忆的深浅不仅和刺激的强度有关系，还与重复的次数有着直接的关系。在一定的条件下，重复的次数越多，记得也就越深刻。比如我们刚开始学习一篇文章时会觉得很陌生，也记不住多少，然而如果我们每天都把这篇文章读一遍，甚至是抄一遍，那一周之后我们肯定就记住它了。中国有句老话，“读书百遍，其义自现”，就是这个道理。

此外，在我们对所学知识或是所需要识记的材料进行重复记忆时，还是有一定技巧的：

1. 重复的频率要符合遗忘规律

根据艾宾浩斯遗忘曲线，心理学家认为当天学习的新内容最好是在 12 小时内进行复习，因为此时记忆比较清楚，大脑中所存储的信息量还比较多。第二次的复习时间与第一次不能间隔太久，最好是大于 30 分钟，小于 16 小时。因为如果我们在 30 分钟内就再一次开始复习的话，会对大脑巩固原有记忆内容的整个生理过程造成干扰，但是如果我们在 16 个小时之后再去复习，那之前所记忆的内容就忘得差不多了，等于说第一次的复习就白做了。此外，再往后的复习间隔时间可以再延长一些，每次复习时所花费的时间也可以减少一些，甚至只要看一遍或是听一遍就可以了。这样的先重后轻、先密后疏的复习方式，效果是最好的，而且这样做可以让我们最终实现终身记忆。

在进行多次这样的重复复习时，我们最好这样做：第一次复习，应该在学习新知识后马上整理笔记，记住要点，再用自己的话复述一遍；第二次复习时要重新看一遍笔记，然后将要点用自己的语言复述一遍，如果有不明白的地方，要及时查阅相关的资料；第三遍复习时要将新学到的知识与之前所学的知识联系起来记忆，以后每隔一段时间再重复记忆一遍。

2. 闭着眼睛回忆

这种方法也被称为“过电影”，就是将新学到的知识在大脑里回想一遍，这样做可以让自己专注地思考。这种方法的记忆效果要比反复记忆更好，有实验可以证明：

研究人员让两组志愿者同时识记一篇课文，识记结束后让第一组的人运用“过电影”的方法进行重复记忆，而第二组则是对这篇课文进行反复阅读，结果不管是马上检测还是四个小时后再检测，第一组的人的记忆效果都要比第二组更好。

那么，阅读与回忆的时间应该如何掌握呢？具体应该这么做：在阅读或是朗读到一定程度后，我们要合上书闭着眼睛去回忆文章的内容，发现有记忆模糊的地方马上与原文进行核对。此外，我们也可以在阅读后的一段时间里试着去回忆那些应该被记住的主要内容，这时的你处于一种积极的精神状态中，不但注意力很集中，而且还充满兴趣。与此同时，经过与原文的校对与核实，可以让我们发现自己记忆的薄弱点，这样一来我们就可以着重记忆那些比较生疏的内容。

3. 重复时要注意变化

研究表明，多次重复复习同一内容很容易让大脑疲劳，而同样的东西多次在我们眼前出现时，我们也很难保持注意力。所以我们在重复记忆时可以将复习的对象变化一下，比如复习数学知识时，可以先做题，然后背诵公式定律，也可以把所复习的内容讲给别人听，或者把所复习的内容画成图或是制成表格。

此外，如果我们要复习一篇课文，那除了背诵、朗读外，还可以抄写、听录音等。

4. 交流争论

具体来说，就是要将自己重复记忆的内容与别人进行交流讨论，谈一谈自己的看法，再听听别人的观点，如果双方观点不同，还可以进行争论。在交流、争论的过程中，我们不但能得到启示，还能找到自己记忆的薄弱环节，从而让记忆得到巩固，而且通过讨论，我们的知识也能获得增长。

5. 自问自答

在复习一段材料之后，我们可以自己提出问题，然后自己回答，而且我们提出的问题可以是多个角度的，这样做能让我们获得更好的记忆效果。

宫殿记忆法

【记忆故事】

陈静大学毕业后先是做了一段时间的销售，可是做得并不开心，后来就辞职了。她想做行政工作，至少没有销售那么大的压力。于是没过多久，她就找了一份经理助理的工作，结果没做两天她就发现这份工作要想做好，其实也不简单。

比如说等她熟悉了公司的基本情况后，经理就告诉她，她这工作其实一点都不难，就是有点琐碎，必须认真对待才能做好。接下来经理就告诉了她每天都必须要做的几件事：

每天到办公室之后就打开复印机、饮水机、打印机，并且还得及时往里面加纸；每天都要关注办公室里的那块白板，员工每天的出勤状况都会写在白板上，还要负责整理成表格，然后在每月月底前交给财务部门；每天负责签收各种快递，有需要付费的还要索取发票；督促编辑部门更新公司网站的信息，及时处理投诉并向公司领导进行反映；每天要和销售部门沟通，了解销售情况并整理成表格，然后第二天上班时发到经理邮箱；如果有客户来访，则需要在会议室接待客户；经理与客户开会时要负责演示PPT。

一开始陈静并不觉得这些日常工作有多难，可是到她真正开始做的时候她却发现，做这些事确实一点都不难，但难的是都记住，不要忘记，有时候她一忙起来就会忘记做其中一两件事，尤其是在突然出现很多紧急状况，有马上需要去处理的事时，就更容易忘了。不过这难不倒她，适应了一段时间后她决定利用之前在大学里学到的宫殿记忆法来记忆每天要做的工作。她是这么做的：

首先她把自己的身体作为宫殿，然后在其中选择了7个特征物，即眼睛、鼻子、嘴、脖子、手、肚子、脚。然后她从每一件日常必须要做的工作中提取一个关键词，如开机、白板、签收、网站、表格、会议室、PPT。

最后她把所提取的这些关键词与身体的各部位放在一起进行联想记忆，她是这么联想的：

1. 眼睛——开机，睁开眼睛就能看到很多大母鸡（机）。

2. 鼻子——白板，鼻子不小心撞到白板上面流了很多血。

3. 嘴巴——签收，有一千只手（千手——签收）捂住了我的嘴。

4. 脖子——网站，把绕着脖子上的网给展开（网展——网站）。

5. 手——表格，动手画一些表格。

6. 肚子——会议室，在肚子上盖上一件灰色毛衣（灰衣——会议）。

7. 脚——PPT，用脚踢（踢——T）客户的PP。

她采用了这样的方法记忆这些每天必须要做的事情后，就再没有发生过遗漏了，而且后来她用同样的方法去记忆那些经理临时安排的事，效果也很不错。

【记忆宝典】

宫殿记忆法也被称为记忆宫殿，简单来说就是要在大脑里建立一座“宫殿”，这座“宫殿”最好是自己熟悉的地方，比如家里、办公室、学校，等等。我们应在大脑里将宫殿里的东西或是某些细节认真地记下来，最好是呈现出三维立体状，随后就可以尝试着将自己所需要记忆的内容存储到宫殿里，让它们与宫殿里那些自己熟悉的东西联系在一起，这样做可以让我们获得更好的记忆效果。这是因为我们在大脑中所构建的这座“宫殿”是我们非常熟悉的地方，放置在其中的记忆材料就可以被我们牢牢地记住，并随意提取。

下面，我们来了解一下建立记忆宫殿的具体步骤：

1. 选择一个地方做“宫殿”

我们所选择的这个地方必须是自己非常熟悉的，这个地方可以被我们的大脑轻易地再现出来，因此它可以是我们的卧室，也可以是我们的家，又或是我们每天都要坐的公交车所走的路线。这个地方空间越大、细节越具体，这座宫殿所能储存的信息也就越多；我们对这个地方的细节再现得越是鲜明，那我们就越是能够有效地记忆。

2. 制订一条特定的路线

如果我们需要按照某种特定的顺序来记住某些东西，那就必须在宫殿中制订一条路线，也就是我们得清楚自己在里面该怎么走，先到哪、后到哪，一个接着一个，顺序不能出错。当然，如果我们不需要按照固定的顺序去记东西的话，那就不用设定这样一条路线了，但不可否认的是，这样的方法对记忆是非常有帮助的。

下面为大家推荐一些行之有效的记忆宫殿以及其中的特定路线：

（1）经常会看到的事物或是风景，可以想象自己在小区里散步或是在附近的公园里慢跑的路线。

（2）办公室，可以想象从自己的工位到卫生间的路线，或是从工位到老板的办公室的路线，抑或是工位到打印机的路线。

（3）现在或是之前的学校，可以想象自己从教室到图书馆或是到食堂的路线，这些都是我们非常熟悉的路线。

（4）我们所熟悉的街道，可以想象一下自己开车时经过的街道的路线或是坐公交时所经过的公交站的路线。

3. 将那些明显的特征物列出来

接下来，我们要做的就是注意宫殿里的那些明显的特征物，比如当我们把自己的家想作记忆宫殿时，最外边的门应该是第一个引起我们注意的特征物。

进入大门之后，我们要对自己的家进行系统的分解，此时我们可以确定一个先后顺序，比如从里到外，从左到右，等等。在这个过程中，我们可以一边走一边在大脑里对其他特征物进行记录，每一个特征物都会成为一个记忆槽或者记忆空间，我们可以在这些记忆空间里储存特定的信息。

4. 熟悉自己的宫殿

要想让宫殿记忆法有效，最重要的就是要牢牢地记住这个地方以及其中的路线，要让它们牢牢地印在我们的大脑里。如果你是一个形象思维非常发达的人，那做到这一点应该不是很难。如果不是的话，我们就得借助一些技巧。下面就来为大家推荐一些相关的小技巧：

我们可以画一幅地图，如果宫殿是一条路线，那就画一条路线图，要在上面标清楚我们所选择的地标和存储空间。当我们无法亲临现实中的那个地方时，就要认真看地图，然后再对照着脑海中的图像进行检查，确保自己已经将所有的位置都记住了，而且顺序是正确的。在这里，我们要尽可能详细地去想象地标，还要确保所画的那些图包含味道、颜色或是大小等鲜明特征。

在一张纸上写下自己所选的特征物，在脑海里对它们进行巡视，并且要大声地念出来。此外，要坚持从同样的视角去观察那些特征物。

按照自己所制定的特定路线，亲自走上一趟。当我们看见那些明显的特征物时，要大声、反复地念出来。

5. 将所要记忆的东西放在记忆宫殿中

当我们的大脑牢牢记住这个宫殿后，就可以使用它了。具体来说，就是可以在每个地方放一些需要记忆的信息，这些信息的数量由我们自己决定，只要我们能记住就行。比如如果我们要记住一首长诗，就可以将开头的几句放在门把手上，下面的几句放在猫眼上，以此类推。需要注意的是，我们要确保每一个地方（特征物）所储存的信息都要和别的特征物里的信息是不同的，绝对不能混淆。此外，在同一个地方或是特征物上不能储存太多的信息，而且如果有的信息必须分开放的话，那也要将其放在不同的地方，而且最好是能沿着我们所确定的路线依次放置自己所需要记住的信息。

我们在某个地方或是特征物上储存信息时，并不需要将完整的信息都放置在上面，这样做很难使信息得到有效处理，因而无法达到预期目的。通常来说，我们可以在每个地方放置一些能够提醒自己记忆的东西，或是一些能够让自己联想起所需要记住的信息的内容。比如我们想记住“落木千山天远大”这句诗，在那个地方放一幅落叶的图片就可以了，也就是说可以用符号去代替比较难记的信息，这样做能让我们的记忆更容易被管理。

需要注意的是，我们在记忆宫殿里所放置的图片应该尽可能地好记，如果图片是比较搞笑的，或者说它们与我们个人的比较强烈的情感体验或是经历存在某种关系的话，就会更好记忆了。比如说一个人要记住五一这天自己要去做的一件事，他想起了去年的五一自己的钱包被人偷了，于是在记忆宫殿里他会将五一转换成一幅贼的图片，这样他就不会忘记了。

6. 探索我们的宫殿

当我们在宫殿中装满了容易唤起记忆的图片后，需要经常走进去看一看它们。我们对宫殿探索的次数越多，那我们需要回忆某件事情时就会越容易。我们还可以随意地在宫殿中穿行，看着那些标志物我们就可以想起自己想要记忆的信息。所以，只要多多练习，我们就可以从宫殿中的任何一个地方开始，沿着自己所制定的路线找到特定的信息。

口诀记忆法

【记忆故事】

周涛是一所中学的地理老师，最近在教学生们学习我国的行政区划时，他发现一些学生没办法完全记住我国的这些省级行政区的名称，他觉得这事要是让别的老师知道，那自己真是挺丢人的。于是他反复考虑之后，决定把这些省级行政区的名称编成口诀，这样同学们就比较容易记住了。由于他对我国的这些省级行政区都挺熟悉的，所以没用多长时间他就编好了一个口诀，内容是这样的：

两湖两广两河山，三江云贵吉福安。双宁四台天北上，新西黑蒙青陕甘。

这个口诀编好之后，他就在上地理课的时候把它教给了学生，为了方便同学们记忆，他还对这个口诀进行了解释：第一句是说湖南、湖北、广东、广西、河南、河北、山东、山西；第二句是说江苏、江西、浙江、云南、贵州、福建、安徽；第三句是说宁夏、辽宁、四川、台湾、天津、北京、上海；第四句是指新疆、西藏、黑龙江、内蒙古、青海、陕西、甘肃。

这里面只有香港、澳门、重庆这三个省级行政区没包括进去，那是因为口诀的限制没办法全放进去，而且记住了这个口诀后剩下的那三个也就好记了。结果同学们学了这个口诀后，对我国的这些省级行政区都记得非常熟，周涛很高兴自己的努力获得了自己想要的效果。

【记忆宝典】

故事中，周涛为了让学生们更好地记住一些地理知识，就把那些知识编成朗朗上口的口诀让学生们去记忆，这样的记忆方法就是口诀记忆法。具体来说，就是根据所要记忆的内容的特点将其编成歌谣、顺口溜等形式进行记忆。这种记忆方法在现实生活中的应用是非常广泛的，比如珠算口诀、英语字母歌、九九乘法口诀等。口诀记忆法除了在这些方面有所应用外，在别的方面也有应用，而且效果还不错。下面我们就先来看一下它在语文学习上的应用，请看下面的几个例子：

1. 运用口诀记忆文言文知识

如可以用“是以是以是，以是是因此，何以是以何，以何凭什么”的口诀记忆“是以”“以何”的翻译方法。在记忆文言文朗读中的合理停顿时，则可以用“主谓间断开，发语词断开”的口诀来进行记忆，效果要比死记硬背强很多。

2. 可以运用口诀记忆一些语法知识

比如可以用“副词放在动形前，介词落在名代前”的口诀记忆介词与副词之间的差别；可以用“名动形、数量代、副介连助叹拟声”的口诀记忆实词和虚词。

3. 用口诀记忆形近字或是容易写错的字

比如用“横戌（xū）点戍（shù）戊（wù）中空，十指交叉读作戎（róng）”的口诀去记住“戌、戍、戊、戎”这 4 个外形上比较相似的字。

在学习物理方面的知识时，也可以使用口诀记忆法进行记忆，请看卜面的例子：

口诀一：物远成实像，倒立缩小放大；物近成虚像，正立虚像放大。

口诀二：凸透镜成像，远缩小近放大。

生活中很多朋友对周易、八卦方面的知识挺感兴趣的，可是这里面有些比较专业的内容又比较难记。这个时候就可以利用口诀帮助我们记忆，如下面的例子：

一数坎兮二数坤，三震四巽数中分。五为中宫六乾是，七兑八艮九离门。

此外，很多人在学习化学方面的知识时会感到很枯燥，而有些老师在实际的教学中为了方便学生记忆，就将一些枯燥的知识编成口诀，比如一个老师把关于化学计算方面的一些知识编成了这样的口诀：

口诀一：化学式子要配平，必须纯量代方程，单位上下要统一，左右倍数要相等。

口诀二：质量单位若用克，标况气体对应升，遇到两个已知量，应照不足来进行。

口诀三：含量损失与产量，乘除多少应分清。

下面我们来了解一下在运用口诀记忆法时应该注意的几个小问题：

1. 我们编的口诀一定要用自己熟悉的、容易记忆的内容和语言进行表述。

比如我们在记忆“葡萄牙支持的航海家是向东，西班牙支持的航海家是向西”这个内容时，可以先把它变成“葡东，西西”的口诀，然后再用谐音将其转化成“扑通，嘻嘻”的口诀，这样就很好记忆了。因为小时候我们学的儿歌里就有这么一句“两只大白鹅，扑通跳下河”，而“葡东”与“扑通”的音相近，这时候我们就可以想象葡萄牙扑通一声跳下河，向东游去，西班牙看到葡萄牙跳下了河，就“嘻嘻”笑了，正好对应“西西”，这样就更容易理解了。

2. 运用口诀记忆时，所编的口诀要能准确地反映所要记忆的材料。

比如我们都知道一年有二十四个节气，两个节气之间间隔半个月的时间。通常来说，在 7 月之前，每个月里面会有两个节气，一般是一个在 6 号，一个在 21 号（这是普遍规律，具体的时间因为年份不同可能会相差一两天）；而 7 月份以后每个月里面的两个节气，一个在 8 号，一个在 23 号。那么这样复杂的内容如何编成口诀，而又怎样使所编成的口诀能准确地反映材料的内容呢？

有人将这些内容编成了一首“二十四节气歌”：

春雨惊春清谷天，夏满芒夏二暑连。

秋处露秋寒霜降，冬雪雪冬小大寒。

上半年为六、二一，下半年为八、二三，

每月两节不更变，最多相差一两天。

这个口诀已经基本上涵盖了与二十四节气有关的内容，这样记忆起来会方便很多。

【二十四节气】

立春	雨水	惊蛰	春分	清明	谷雨
立夏	小满	芒种	夏至	小暑	大暑
立秋	处暑	白露	秋分	寒露	霜降
立冬	小雪	大雪	冬至	小寒	大寒

3. 运用口诀记忆法时应该善于抓住所记忆内容的关键点，尽量将所要记忆的内容压缩成比较短的口诀，帮助自己进行记忆。

如果我们编的口诀很长，记起来就非常困难，这样一来记忆的难度就会增加。此外，如果我们编的口诀与所要记忆的内容关系不大，或是比较生涩，那不仅不能帮助我们记忆，反而会让我们的记忆变得更加困难。

比如我们在学数学时会学到的三角诱导公式，总共 54 个，记起来有一定的难度，这个时候就可以将其概括成“奇变偶不变，符号看象限”。这短短的两句话就把这 54 个公式的相同点给概括了出来，记住了这个口诀，再去记忆那些公式就比较简单了。但是如果在口诀中将这 54 个公式的具体情况都给介绍一遍，那就不容易记了。

4. 口诀最好是根据实际需要自己编写。

生活中我们会发现尽管许多需要记忆的材料已经有了现成的口诀，但是我们在记忆时还是会觉得有一些困难，这主要是因为这些口诀不是自己编的，可能会有不符合自己习惯的地方，如果是我们自己编的口诀，那一定会记得很牢，因为自己所创作的东西最容易在脑海中留下深刻的印象，可以更为有效地帮助我们记忆材料。

谐音记忆法

【记忆故事】

吴鹏今年读高二，因为历史成绩好，所以做了班里的历史课代表。很多同学很佩服他，觉得他能记住那么多历史事件、人物、日期，真的挺聪明的。其实他并不是多聪明的人，刚开始学习历史时面对那么多人物、事件、时间，他也是头皮发麻，一点办法都没有。

后来有一次，他听表哥说要在 5 月 20 日这一天向一个暗恋了很久的女生表白，他不懂，就问为什么非要在那一天表白，难道那天是女生的生日？表哥听他这么问，很无奈地看了他一眼，然后告诉他："520 就是我爱你啊，这你都不懂。"结果他顺着表哥所说的一想，发现 520 的谐音还真是"我爱你"。

然后他就突然开窍了，既然数字可以用谐音表示，那自己就可以在记忆历史上那些重要的日期时使用谐音，这样自己就会记得更加容易也更加牢固了。从那天起，他就开始有意识地在背诵历史知识时利用谐音进行记忆，结果他记住的东西越来越多，成绩也越来越好。

【记忆宝典】

故事中吴鹏在记忆历史知识时所采用的记忆方法就是谐音记忆法，具体来说，就是通过相同或是相近的读音，将需要记忆的内容与自己已经掌握的内容联系起来进行记忆，主要适用于记忆一些比较难记的、抽象的材料。这样做能方便我们进行想象，可以极大地调动记忆的兴趣和积极性。

这种记忆方法在日常生活中的应用范围非常广泛，下面我们来简单了解一下：

1. 历史知识的记忆

比如，唐朝是公元 618 年建立的，我们可以记成“唐朝建立时，每人留了一把糖”；马克思的生日是 1818 年 5 月 5 日，则可以记成“一巴掌一巴掌扇得资本主义呜呜哭”；东晋的建立时间是公元 317 年，可以记成“东晋建立时，三个百姓一起反对”；等等。

再比如，1900 年八国联军发动侵华战争，这八个国家分别是：俄国、德国、法国、美国、日本、奥匈帝国、意大利、英国。要想记住这八个国家的名字，首先要把每个国家的名字都简化成一个字，如“俄、德、法、美、日、奥、意、英”，然后分别给它们找一个谐音，如“俄——饿，德——的，法——话，美——每，日还是日，奥——熬，意——一，英——鹰”，然后就可以记成“饿的话每日熬一鹰”，这样这八个国家的名字就好记多了。

2. 英语单词的记忆

其实，谐音记忆法不仅可以用来记忆汉字与数字，还可以用来记忆英语单词，具体来说就是利用英语单词发音的谐音进行记忆。由于英语是拼音文字，所以看到一个单词后会比较容易猜出其发音，这就给谐音记忆提供了很多可能。

比如，pest 害虫，可以记成“拍死它”；ponderous 肥胖的，可以记成“胖得要死”；ambition 雄心，可以记成“俺必胜”。

3. 数字、数学知识的记忆

数字方面的谐音记忆法的应用是最为普遍的，比如我们最熟悉的 520

是“我爱你”，1314 是“一生一世”，0451392 是“你是我一生最爱”，04551 是“你是我唯一”，等等。

数学知识方面，圆周率是经常被用来通过谐音记忆法记忆的，如果将3.1415926545 谐音成了“山巅一寺一壶酒，尔乐苦煞吾”，这样就比较好记了。

由此可见，谐音记忆法可以让那些枯燥的数字变成生动有趣的材料，让人们更为愉快地进行记忆。

数字谐音对照表

数字	谐音
0	零、灵、凌、令、领、玲、陵
1	以、衣、义、邑、意、伊、易、益
2	儿、而、洱、尔、饵
3	散、伞、山、扇、善、杉
4	死、肆、事、饲、私、市、柿、士、石
5	吴、五、武、雾、吾、舞、乌、屋
6	刘、留、流、柳、溜、遛
7	奇、齐、企、起、崎、齐、歧、启、祁、凄
8	吧、把、巴、爸、拔、八、扒、霸
9	酒、就、旧、救、久、舅、韭、究

4. 物理知识的记忆

比如，气体的摩尔体积是 22.4 升 / 摩，可以记成“二二得四”，其中“得”是“点”的谐音；电功的公式是 W=UIt，用谐音记忆法则可以记成“大不了，又挨踢”；那么同样的道理，电流强度公式是 I=Q/t，用谐音记忆法可以记成“爱神丘比特”；等等。

5. 化学知识的记忆

比如可以将“氧化 – 还原反应”中氧化剂与还原剂的判断记成“杨家将”，也就是“氧价降”，具体的意思是氧化剂中的元素化合价降低了。

再比如物质溶于水时通常会经过两个过程，一个是溶质分子（或离子）的扩散过程，这是一种物理过程，在这个过程中需要吸收热量；另一个是溶质分子（或离子）与水分子发生作用，形成水合分子（或离子）的过程，该过程是化学过程，在这个过程中需要散发热量。那么，在用谐音记忆法记忆这两个过程时就可以很简单地记成“无锡花伞”，也就是“物吸化散”。

6. 地理知识的记忆

在一些地理知识中，比如，黑色金属主要包括铁、铬、锰等，利用谐音记忆法就可以记成“铁哥们”；在记忆世界上那些草场资源丰富的国家时，用谐音记忆法可以记成“我（俄）心（新）中美澳，阿门（蒙）”；长江的总长度是6300公里，运用谐音记忆法就可以将这个数字记成“六扇洞洞”。

再比如，地理课本上在提到拉丁美洲时，会这样写，“拉丁美洲的国家有洪都拉斯、巴拿马、哥斯达黎加、尼加拉瓜、萨尔瓦多、危地马拉（也被称为‘瓜地马拉’）”，在利用谐音记忆法记忆这段材料时，我们应该先把这些国家的头一个字提炼出来，然后把它们连在一起，变成“洪巴哥尼萨瓜”，然后再给它们找一个有趣的谐音，比如“红八哥你傻瓜”，再在脑海中想象一只傻傻的八哥垂头丧气的样子，这样，我们一下子就记住这几个国家的名字了。由此可见，谐音记忆法最大的特点就是可以让无意义的材料变成有意思的材料，促进记忆。

此外，谐音记忆法有时候还可以与其他记忆方法结合在一起运用，会获得更好的效果。请看下面这个例子：

1901年时，清政府与列强签订了丧权辱国的《辛丑条约》，该条约的主要内容有以下几条：

1. 清政府付给列强4.5亿两白银作为战争赔款。

2. 清政府保证严禁中国人参与反抗列强的活动。

3. 允许列强在中国的土地上驻扎军队。

4. 修建使馆，划分租界。

在记忆这样一段材料时，我们可以先从概括上面所提到的四点内容着手，每一点都要概括出一个字，比如可以概括为“钱”“禁”“兵”“馆”这四个字，然后我们可以将这四个字想象为“前进宾馆”，还可以想象该条约是在“前进宾馆”这个地方签订的，以后只要想到这四个字，就能联想到《辛丑条约》的全部内容了。而这样一个记忆的过程就包含了归类记忆法、概括记忆法、谐音记忆法和联想记忆法四种方法。

归纳记忆法

【记忆故事】

郑成是一个文科生，而他之所以选择文科，是因为他记性好，学习历史、政治、地理这些需要大量背诵的科目时一点也不费劲，而且记忆效果还特别好，根本没有大多数学生那种老是记不住的苦恼。

而他之所以能记得住那么多知识，主要是因为他在平常的学习中非常注意对这些知识进行归纳，他会把自己所学到的知识进行归纳后再去记忆，效果会比没有归纳前好很多。在学地理时，他会把那些“世界之最”全都归纳成一类来学习，比如说世界上最高大的山脉是喜马拉雅山脉，最高的山峰是珠穆朗玛峰，最长的山脉是安第斯山，等等；在学习历史时他则会将那些“第一”归纳成一类去记忆，比如说中国历史上第一个皇帝是秦始皇，第一个女皇帝是武则天，春秋时期第一个霸主是齐桓公，美国第一任总统是华盛顿；等等。

这样的记忆方法让他在记忆材料时想起一个知识点就能联想到很多别的知识点，这样一来记忆相对来说也就变得简单了。

【记忆宝典】

故事中提到了归纳记忆法，所谓的归纳记忆法，具体是指将所需要记忆的内容按照不同的属性来进行归纳，然后再分门别类地去记忆这些内容及其属性的方法。

平时我们所学习或是接触到的知识都是比较杂乱、零散的，想要记住这些杂乱的知识无疑是一件比较困难的事。而归纳记忆法就是要对这些杂乱、零散的知识进行系统的总结归纳或者分析编排，让它们形成一定的体系，并概括出一定的规律，这样一来就比较容易记忆了。

美国斯坦福大学的研究者曾做过这样一项关于记忆的实验：研究者找来一些学生，要求他们在一节课的时间里记忆 112 个英文单词，这些单词所涉及的种类主要有水果、文具、服装和职业、交通工具等。研究人员先是让这些学生去记忆这些看起来相互之间没有任何联系的单词，结果一节课结束后，很少有学生能把这些单词全部记住。随后，研究者又对这些单词进行分类，并按照一定的规律将它们排列起来，然后让学生再去记忆，结果用了不到一节课的时间，学生们就把这些单词全都记住了。

由此可见，我们在记忆材料时，最好是能将其系统化、条理化地进行处理，只有这样记忆才能够更加高效、准确。有人曾经很形象地将归纳记忆法形容成图书馆里放卡片的柜子，各种知识和信息都分门别类地放在不同的抽屉里，需要时只要拉开某个抽屉就可以得到想要的信息了。

下面我们就来了解一下归纳记忆法在各个方面的应用：

1. 对历史知识的记忆

比如说在记忆我国近代史上发生的大事件时，我们就可以将其归纳成“一二三四五”来记忆，具体内容如下：

一是指一次失败的变法，即戊戌变法。

二是指产生了两个阶级，即无产阶级和资产阶级。

三是指近代史上总共发生了三次革命高潮，即太平天国运动、义和团运动、辛亥革命。

四是指签订了四个最为重要的不平等条约，即《南京条约》《马关条约》《辛丑条约》《二十一条》。

五是指发生了五次比较重要的战争，即鸦片战争、第二次鸦片战争、中法战争、中日甲午战争、八国联军侵华战争。

再比如说《马关条约》的四项主要内容是：割让辽东半岛、台湾岛、澎湖列岛；赔偿二亿两白银；开放沙市、重庆、苏州、杭州作为商埠，允许日本在中国的通商口岸建立工厂。

我们在记忆这些内容时运用归纳记忆法就可以将其记成“一厂、二亿、三岛、四口”。

此外，在学习历史知识时，我们还可以采用归纳记忆法将那些“中国之最”和“世界之最”归纳在一起去记忆，而为了方便记忆则可以制作一些图表，如下图：

中国之最	世界之最
中国境内最早的人类是元谋人	世界上最早的天文学著作是《甘石星经》
中国历史上最早的确切纪年是公元前 841 年	世界上最早的指南仪器是战国时期的司南
战国时期变法最彻底的是商鞅	世界上最早的地震仪是地动仪
中国现存最早的医书是《黄帝内经》	世界上最早发明纸的国家是中国
中国最早的资本主义萌芽产生于明朝中后期	世界上最早的兵书是《孙子兵法》

2. 对地理知识的记忆

我们是可以利用归纳法去记忆地理上的世界之最，如下图：

世界上最大的高原	巴西高原
世界上最深的湖泊	贝加尔湖
世界上海拔最高的洲	南极洲
世界上海拔最高的高原	青藏高原
世界上面积最大的沙漠	撒哈拉沙漠
世界上面积最大的平原	亚马孙平原
世界上最大的群岛国家	印度尼西亚
世界上出产黄金最多的国家	南非
世界上出产白银最多的国家	墨西哥
世界上陆地表面的最低点	死海

除此之外，我们还可以利用归纳记忆法去对某些国家的特点进行记忆：

樱花之国	日本
枫树之国	加拿大
可可王国	科特迪瓦
铜矿之国	智力
咖啡王国	巴西
骑在羊背上的国家	澳大利亚
香蕉王国	危地马拉

3. 对物理知识的记忆

物理上的“阿伏伽德罗定律”是这样的：“在相同的温度和压强下，相同体积的任何气体都含有相同数目的分子。”在记忆该定律时我们就可以将其归纳为“四同”来进行记忆，如“在同温、同压条件下，同体积的气体含有相同的分子数”，也可以略记为：同压、同温、同体、同分。

4. 对化学知识的记忆

比如说在记忆催化剂的性质时，我们可以将其归纳为“一变两不变”。其中的“一变”是指在化学反应里使其他物质的化学反应的速度发生变化，这种变化可以是变慢，也可以是变快；“两不变”指的是其本身的化学性质和质量在化学反应前后是不变的。

需要说明的是，在使用归纳记忆法记忆材料时也有一些需要注意的地方，比如要对所记忆的材料进行及时地学习，这样我们在整理和归纳记忆时才不会因为没有头绪而无法下手。

概括记忆法

【记忆故事】

冯敏是文科生，历史成绩尤其好一些，最近市里宣布要举办中学生历史知识竞赛，他因为历史成绩好，因此被选为学校参赛小组的成员。现在距离比赛开始还有一周的时间，他和小组的其他成员就努力利用课余时间加班加点地复习历史方面的知识。

在复习的过程中，冯敏发现除了历史上的变法、改革或是条约的内容比较难记外，其他的知识都比较容易记忆，可是他又不能因为这些内容难记就不记，如果不记这些内容的话，万一比赛的时候考到相关内容就麻烦了。但这类内容实在是有点多，记起来又比较难，可把他给愁坏了。

这天，冯敏回到家时看到了爸爸的朋友张叔叔，张叔叔今天是来找爸爸聊点事的，到饭点后事还没聊完，爸爸就请张叔叔留在家里吃饭。吃饭时张叔叔就问起他最近在学校忙什么，回家还挺晚的。于是他就说了自己要参加比赛的事，这一来二去的就聊到了他现在正发愁的事。张叔叔听了之后说这其实也没有多难，在记忆那些变法、改革的内容时，他可以先对它们的主要内容进行概括，越是简练越好，而且最好是方便联想。这样一来他只需要记住那些概括出来的内容就可以了，看到那些内容就可以联想起全部的内容了。

在吃完饭后，张叔叔还让冯敏把历史书拿过来，随机找了一段北魏孝文帝改革的内容，用自己所说的概括记忆法给他示例：孝文帝的改革主要有以下内容：1. 颁布均田令；2. 接受汉族的先进文化，让鲜卑贵族用汉姓、穿汉服、说汉语，并且与汉族通婚；3. 将都城迁到洛阳，并且采用汉族统治阶级的制度。

张叔叔看了之后，将这些内容总结为九个字“一均田、二汉化、三迁都”，这样念起来不但顺口，而且还很好记。冯敏试了试，果然没用多长时间就把所有的内容都给记住了。

从那以后，他在记忆类似的内容时都会用张叔叔教的概括记忆法，可以在短时间内记住很多知识，比赛时他也因此取得了很好的成绩，为学校赢得了一座亚军奖杯。

【记忆宝典】

概括记忆法其实就是对所要记忆的材料进行提炼并概括的方法，我们在对一段材料进行概括时，要注意抓住其中的关键，运用积极的思维对需要记忆的材料进行概括、浓缩，经过充分思考后将内容中的精华部分提炼出来。这种方法通常适用于记忆那些内容比较复杂、较为系统、深奥的材料，而且它还要求记忆者必须具备比较强的概括能力和思维能力。

该方法通常有以下几种形式：

1. 口诀浓缩法

简单来说，就是通过整齐押韵的句子对所要记忆的内容进行概括，形式上与顺口溜接近，内容上则非常简练。在需要回想某些知识时，我们就可以根据口诀进行联想，从而达到准确且全面记忆的目的。

需要说明的是，这样的方法虽然简单有趣，但是在记忆时却需要我们认真思考一下才行，我们要把所需要记忆的材料编成有趣、生动，甚至是有韵味的口诀，这是需要下一定功夫的，不过编好之后就很容易记忆了，而且记忆之后也很难再忘记。

比如，日本在公元 646 年进行的大化革新运动，其主要内容就可以概括为“废私田、法均田；租庸调，授班田；每六年，死地还；改行政，立集权”。

2. 缩略概括法

在记忆过程中，我们首先要找到能够起到关键作用的字或是词，将它们作为思考的“媒介”，起到以点带面的作用，这就是缩略概括。

比如当我们在学习化学中的“氧化－还原”反应时，首先要把电子的得失与“氧化——还原”之间的关系搞清楚；其次，要判断哪些物质是还原剂，哪些物质是氧化剂。当我们对这些内容做到真正的理解后，就可以将“失——氧——还”作为缩略结构进行记忆，其原本意思是“失去电子的物质——氧化后——该物质还是还原剂”。这样一来，只要记住了“失”“氧”“还”这三个关键字，将其作为提示，就能引起对全部内容的联想。

此外，对于一些比较复杂的固定词组、名称或是概念，我们可以将其概括成一个简称，这也是一种缩略，比如“美利坚合众国”的简称是“美国”，再比如“中国共产党要始终代表中国先进生产力的发展要求，中国共产党要始终代表中国先进文化的前进方向，中国共产党要始终代表中国最广大人民的根本利益”的简称是“三个代表”。

3. 主题概括法

我们在读一本小说或是学习一篇文章时，都会习惯性地想要弄清楚它们的主题，因为只要能将主题提炼出来，就能够抓住这本书的要领，这样就能概括地记住其全部内容。这就是我们所说的主题概括法。所以我们在记忆材料时也应该先将材料的主题给提炼出来，然后再根据这个主题展开记忆，这样就能获得事半功倍的记忆效果。

4. 内容概括法

当我们需要记忆的内容篇幅较长，记忆难度比较大时，就要抓住其主要内容，选择一些关键性的字句和词语进行重点记忆，这样做可以启发我们对其全部内容的联想。所以一定要将所记忆材料的核心内容进行高度的概括或是压缩，然后用最精炼、最简单的文字把它表达出来。

5. 顺序概括法

顺序概括法，简单来说就是按照需要记忆的材料的顺序进行记忆，记忆时要突出顺序性。该方法主要适用于记忆各种历史事件、各种条约的条款、各种变法或是改革的内容等。

比如我们所熟悉的王安石变法所涉及的内容主要有以下几条：1. 青苗法；2. 募役法；3. 农田水利法；4. 方田均税法；5. 保甲法。

运用顺序概括法进行记忆，就可以将其记成“一青、二募、三农、四方、五保”，只要记住了这些，就可以引导自己回想起它的全部内容。

6. 数字概括法

数字概括法就是用数字概括事实、语句等需要记忆的内容来增强记忆力的方法，比如我们常说的“四书五经”“三纲五常”，等等。

当我们需要记忆一些复杂的内容时，也可以使用数字概括法。比如我们在对炼铁的主要化学反应以及炼铁高炉的主要构造进行记忆时，可以将其概括为“三个五”，它具体是指：炼铁的过程中有 5 个主要的化学反应式；高炉由 5 个部分组成；高炉有 5 个进出口。记住了这“三个五”，总共 15 项内容都可以联想起来了。

此外，在运用概括记忆法时我们要清楚：首先，概括并不是万能的，不可以盲目地运用，一定要在对内容熟悉、理解的基础上进行概括，这样才能获得比较好的记忆效果；其次，在进行概括前要认真考虑所概括的内容是否是我们必须掌握的重点，如果将次要的内容进行概括记忆，那就是舍本逐末，根本没办法体现概括记忆法的作用。

间隔记忆法

【记忆故事】

陈慧大学毕业后来到青岛的一家外贸公司上班，结果刚上班没几天她就发现自己在学校学的那点英语单词根本就不够用，自己每天都会遇到很多不认识的单词，对她的工作造成了很不好的影响。

于是为了把工作做好，她在工作之余就开始努力背单词，而且她背单词并不是死记硬背，而是讲究一定的方法。她每天都是这么背单词的：

早上起床之后她会先背上 5 个单词，吃饭的时候她会回忆并重复背诵；上午上班时趁着休息的间隙她再背 5 个，中午休息时再次进行回忆和重复背诵；而且这中间她还会听一听英文歌；下午和晚上同上午又是一样的，就这样她每天都能轻松记住 20 个单词。日积月累，她的单词量越来越大，业务也越来越熟，很快就在公司里站稳了脚跟，并得到了领导的表扬。

【记忆宝典】

间隔记忆法其实是一种非常简单的记忆方法，它是指我们记忆过一段材料后需要间隔一段时间再重复记忆这段材料，这样的记忆效果会更好一些。而这样的方法是有科学依据的：

大量实验证明，长时间地持续记忆一种知识或内容，除了会让大脑疲劳而导致记忆效率下降外，还会使前后所识记内容自身出现互相干扰，从而对记忆效果造成不良的影响。所以，为了避免这种对记忆效果的不良影响，我们在记忆一段材料后可以再记忆一段与之前的材料不同的材料，也就是说要交叉记忆不同的材料，这也是一种间隔，这样做可以缩短连续记忆同一材料花费的时间，并且可以让前后所记忆的材料的相似性降低，以避免其相互之间的干扰。这种方法能让大脑得到充分的休息，记忆效果也能获得提升。

其次，就是时间上的间隔。通常来说，我们在学习一个小时左右之后，最好是能让自己休息几分钟，放松一下。这几分钟我们可以起来走走，也可以到室外去散步，或是做一些简单的运动等。大脑得到放松后再去识记另一种内容的材料，这样做不仅有助于我们转换大脑的兴奋中心，还能消除抑制，让大脑的工作效率得到提高。

需要注意的是，在交替记忆不同的材料时，我们还应该尽量避免材料性质反差太大的问题，因为这样做很容易造成知识连接的困难，也容易造成思维的不活跃。

历史上不少有成就的人，在读书时都会使用间隔记忆法。比如居里夫人，她在和朋友聊到自己的学习方法时曾说过自己会同时读几种书，因为专门研究一种东西会让她的大脑产生疲倦。卢梭在读书时所采用的也是间隔记忆法，他一天的时间通常都是这样安排的：早上读哲学，中午翻译历史、地理，而且在学习的过程中还会插穿一些体力劳动。这样的方法让他学到了很多知识，而且记忆效果也非常好。

那么，识记一段材料后要间隔多久才能再一次记忆这段材料呢？这一点遗忘规律已经说得很明白了，简单来说就是在复习的初期，间隔时间要短一点，以后要逐渐延长。

日常生活中的很多方面都可以使用间隔记忆法，比如当你需要通过浏览的方式记忆一些东西时，如名单、数字等。例如，假如我们参加了一个有上百人参加的行业会议，我们意识到其中有十几个人对自己将来的工作会有帮助，那我们最起码得记住他们的名字才行。这个时候我们就要在他们做自我介绍时重复一下这些名字，而且在之后的一段时间里我们也要每隔半分钟就重复默念一下这些名字。这样一来，我们很容易就可以记住这些名字了，等我们回到家后再把这些名字默写出来就行了，然后第二天再看一遍，这些名字就能完全被记住了。

需要注意的是，我们在开始进行间隔记忆时最好不要让其他重要的事干扰到自己的记忆，所以一开始间隔时间要短一点，这样发生其他事的概率就会降低很多；而当我们重复看第二遍、第三遍时，也就不太容易被其他事干扰了。而且为了尽量减少外部干扰，最好的办法就是事先制订好自己要处理的工作清单，然后严格按照工作清单去做，这样我们的记忆活动就不会受到干扰了。

此外，我们平时在学习或是休息时也尽量不要做一些让自己分心或是让自己太过劳累的事，比如做剧烈运动，或是长时间玩网络游戏，因为这样做会让我们的大脑没办法很快进入学习状态，从而对记忆的效果造成不良的影响。

需要说明的是，在具体运用间隔记忆法时，与别的记忆方法结合在一起运用，效果会更好一些，比如我们在识记材料时，手、脑、口、眼要协同使用，这就是采用多通道协同记忆法，而且可以一会背诵，一会回忆，还可以与人进行辩论，或是抄写，可以多种学习方式或是记忆方法交替使用。

研究证明，记忆与回忆交替进行也能有效地提高记忆效果，著名数学家陈景润在学习研究时就是将记忆与回忆交替进行的。他习惯晚上看书，通常是先把要读的内容看上一遍，然后关上灯，躺在床上回忆、思考所看的内容，觉得记住了、弄懂了，就打开灯再检查一遍，看看有没有什么错误的地方，那些没记住或是弄不懂的内容就再读，直到完全弄懂、记住，才继续往下读新的内容。

再者，在记忆材料时我们还要做到内贮记忆与外贮记忆间隔交替进行。其中内贮记忆是指将大脑作为仓库的记忆方法，而外贮记忆是指利用工具书和资料进行的一种记忆方法，做一些卡片、摘抄、剪贴来帮助自己进行记忆，比如图表记忆法、卡片记忆法等。

多通道协同记忆法

【记忆故事】

自今年3月份开始参加读书会后，褚杰的生活就悄无声息地发生了变化。没参加读书会之前，一到周末或是闲暇的时候他就没事干，只能拿着手机看，他也觉得这样挺没意思的，想看点书可是又看不进去。参加读书会后，因为在开始讲一本书之前必须把这本书看完，所以他就给自己制订了读书计划，规定自己每天晚上必须得读多少页的书。可是参加过几次读书会后，他就发现自己每次要讲的书看了一遍后里面的内容几乎都记不住，只是有一个大概的印象。这样一来在大家自由讨论的时候，他根本就说不出个所以然来，就好像他根本没有看过这本书一样，这让他非常苦恼。

后来他发现有一个叫刘京广的主讲，每一次主讲一本书总是能很流利地讲上一个小时，这让他非常佩服、羡慕，因为他也想拥有那样的记忆力。后来他知道刘老师是博士，他就想是不是博士记忆力都这么好，看完一本书后就能记住那么多。

等到他和刘京广慢慢熟悉后，就向他请教怎么才能看完一本书后记住那么多内容，是天生的吗？还是有什么方法？刘京广告诉他这肯定不是天生的，自己在看书时运用的是多通道协同记忆法，简单来说就是先把书看上一遍，而且一边看一边记笔记，所谓的笔记就是把这本书的重点内容给概括出来，在看书的过程中遇到重点内容时他还会朗诵出来。这样看完一遍后，他会再精读一遍，同时还会背诵、抄写之前所做的笔记，这样书里的内容他自然就能记得差不多了。

【记忆宝典】

我们都知道要想对外部信息进行记忆，就必须想办法先接受这些信息，而接收信息的通道有触觉、听觉、动觉、视觉等。而由多种感觉参与记忆的方法就是多通道协同记忆法。这种记忆方法可以让我们在识记材料时对大脑的语言中枢、视觉中枢、运动中枢等各部分区域的积极性进行充分调动，让我们协同记忆，对提高记忆质量具有显著的效果。这样说是有科学根据的：心理学研究发现，如果我们在记忆时只是依靠视觉，那只能记住所学习内容的 25%；如果只是依靠听觉，所能记住的就更少了，只有 15%，但是如果我们在学习时将视觉和听觉结合起来的话，那就可以记住 65%。

其实，古人很早就开始利用该方法进行学习了，比如《学记》中就曾提到“学无当于五官，五官不得不治”，意思就是学习和记忆时如果没办法调动五官一起参与，那就学不好，也记不好。这说明早在两千多年前我们的先人就已经认识到了，学习时我们不仅要用眼睛看书，还要用耳朵听，用嘴巴念，用手写，用脑子想，只有这样做记忆的效果才会更好。

多通道协同记忆法在生活中的很多方面都有所应用。因为该方法可以调动大脑的各个部位协同合作，接收和处理比较大量的信息，所以用该方法学习英语、语文等课程的效果是最明显的。上课时记笔记其实运用的就是这种记忆方法，因为学生记笔记时是一边听、一边写，写的时候还在思考并且重复记忆，这样的记忆效果自然比单纯听好得多，而且记笔记的时候我们也不是将老师讲的内容全部记下来，而是只记下一些关键的句子或是词，抑或是其他重点内容，这就有助于学生提高自己的概括、归纳能力。

记者在进行采访时为了能将所接收的信息全部记住，就必须在动手的同时开动大脑积极思考，做到听、说、写并用，而这其实也是在运用多通道协同记忆法。此外，在日常生活中，当我们需要记忆一段比较长的话时，最好是能一边听一边记，这样做的记忆效果会好很多。

该记忆方法应用于实践的关键在于将听、说、读、思、写与实际操作紧密结合起来，这样做的优点是可以让我们在记忆时加深大脑对那些繁杂、重要且陌生的信息的印象，让其由瞬时记忆或是短时记忆转化为长时记忆，储存于大脑中。在具体的记忆实践中，如果条件允许的话我们还可以采取尝、摸、嗅等多种方式进行记忆。需要说明的是，在大规模的复习中我们也可以采用这种记忆方法。不过该方法也是有缺点的，那就是所消耗的时间会比较长，所以在记忆材料时应该根据自己的实际情况有针对性地选择方法。

我们在闲暇时可以进行两种或是多种器官协同记忆的练习，参考方法如下：

1. 在品尝美味时，我们可以细细地咀嚼、品味，吃之前还要仔细地观察，用鼻子嗅一嗅，然后再进行综合与概括的评价。

2. 选择一个没有杂音干扰的环境，放一首自己喜欢的歌，仔细地听，一边听一边将歌词默写下来，然后再反复地进行对照；或是认真听一首陌生的歌，完全熟悉后自己清唱出来，然后再去听，再唱，直到听和唱能够完全统一起来。

在有限的时间里，我们记忆声音信息的能力可以在这样的训练中不知不觉得到提高。据说莫扎特从小就接受这样的训练，在他 14 岁那年，有一次他听完一首意大利作曲家所创作的乐曲后，回到家就将这首曲子几乎完全给默写了出来。

3. 进行口脑眼手协同记忆的训练。有些比较重要但是繁杂难记的信息可以在读上一遍后，再抄上一遍，再反复进行朗读，直到能够背诵为止。随后，再抽出一部分时间不断地背诵、回忆或是默写。

朗读背诵记忆法

【记忆故事】

魏庆是某大学中文系的讲师，虽然他只是个讲师，却是学校最出名的人，在这所学校里有可能有人不知道校长是谁，但是没人不知道魏庆是谁。而他如此出名的原因主要是因为他博学多才，而且记忆力非常好。他平时给学生讲课从来都不会提前备课，因为书上要讲的内容他早就烂熟于心，而且他讲得非常有趣，讲课时总是能旁征博引，讲很多教材上没有的东西，能让学生学到很多知识。所以他的课都会有很多别的系的学生过来选修，大家都觉得听他讲课很值，而且非常享受。

他做的最有名的一件事就是，有一次学校举行表彰大会，结果在距离大会开始还有一个小时的时候，原本被选定代表中文系发言的张老师突然肚子剧烈疼痛，没办法参加会议了。这可把系主任给急坏了，因为这次大会学校领导非常重视，还在市里面请了一些领导过来参加，可关键时刻竟然发生了这样的事，如果没法妥善解决，那就会给学校、给系里带来非常不好的影响。于是，系主任马上决定让魏庆代替张老师发言，让他尽可能地读熟给张老师准备的那份发言稿，这样到时候才不会太难看。

魏庆接到这个任务后马上拿着发言稿找了一个安静的地方开始朗诵，用了 40 多分钟的时间他就把发言稿给背下来了，于是在轮到他发言时，他做到了脱稿演讲，而且饱含感情，领导们对他的发言都很满意。

而他之所以能在那么短的时间里将发言稿背熟，主要得益于他所养成的喜欢朗诵文章的好习惯。原来从高中时候起他就养成了每天朗诵文章的习惯，上大学时他更是组织了一个朗诵小组，每天早上都会和组员一起在学校的小树林里大声朗诵选好的文章。而且他们是在彼此面前大声地朗诵，时间长了不但记忆力增强了，就连表达能力也提高了很多。

【记忆宝典】

在识记一段材料时，一遍一遍地读（要读出声），直到达到熟读的程度，而且在朗读的同时还要有意识地背诵，直到完全记住为止，这就是朗诵记忆法。这种记忆方法对英语单词、诗词的记忆具有良好的效果。需要说明的是，我们对所要识记的材料的内容有了初步理解后，应该反复快速地朗读，要注意速度一定不能太慢，科学研究表明，缓慢朗诵记忆材料时不但费时费力，而且记忆的效果并不好；相反，快速多次的朗诵则可以对大脑记忆皮层产生连续的刺激，这样强化记忆的效果就达到了。

此外，为什么要强调在朗读的同时要有意识地去背诵呢？这是因为朗读与背诵如果能结合在一起，记忆效果会更好。有一个心理学家曾做过这样一个实验：

他随意写了 16 个无意义音节，让被试者识记 9 分钟，然后马上让他们进行回忆。结果将所有的时间都用于朗读材料的被试者回忆起了 35% 的内容；而将 1/5 的时间用于背诵的被试者能回忆起 50% 的内容；2/5 的时间用于背诵的被试者能回忆起 57% 的内容；4/5 的时间用于背诵的被试者则能回忆起 74% 的内容。

下面，我们就来了解一下为什么朗读背诵时一定要读出声。

平时，我们身边很多人读书时都是没有声音的，只是默默地读，或者只是很小声地在读，很少能看到大声读书的人。这是因为读书时如果声音比较大，会让人觉得很尴尬，而且在有些比较安静的环境里大声读书是不合适的。但是加拿大滑铁卢大学的心理学教授与其他研究人员指出，通过大声说话（当然包括朗读）可以创造出一种夸张效应，该效应对我们的记忆能起到巩固作用。而且当我们的大脑听到自己的声音时，就会在关于环境的记忆中将更多的线索与联系保留下来，从而更容易触发当前的情景，促进回忆。

这样的结论是研究者们从对由 95 名滑铁卢大学的学生参加的实验所做的分析中得出的，该实验的过程是这样的：研究者让这些学生通过四种不同的方式去记忆同一段材料，即默默阅读、听别人阅读、听自己的阅读录音、实时大声朗读，然后再对他们进行测试，结果发现进行实时大声朗读的学生的测试成绩是最好的。

研究人员说，大声朗读之所以能够强化记忆，是因为它是由两个独特的部分组成，即言语的动作行为和信息的听觉输入。大声朗读让我们在通过视觉法记忆的同时还可以用自己的声音去强化记忆，这样，当我们对相关信息进行回忆时，我们就可以通过这个独特的组合提升记忆力了。

最后，我们来了解一下心理学家的一个新的发现：对着他人大声重复信息有助于提高记忆力。也就是说，我们在朗读背诵一段材料时，最好是能给自己找一个“听众”，让他来听我们朗读背诵，甚至来检测我们背诵的效果。

在这项新的研究中，研究者用四种方式重复记忆一些单词，这四种方式分别是：碎碎念、默念、大声对着别人朗读出来、自己一个人朗读。最终的测试结果显示，大声地对着别人重复朗读单词的记忆效果是最好的，而效果最差的方式就是默默地重复单词不出声。

朗读背诵是一种很好的学习习惯，我们在朗读背诵时应做到以下几点：

1. 反复

反复朗读背诵是行之有效的学习方法，所以在日常生活中我们应该有意识地训练自己定量、定时地反复诵读一定的内容，最好是由浅入深、由易到难，经常练习，争取做到每天都有所收获。

2. 要读出声

朗读背诵本来就是将书面语言有声化，是将无声的文字变成有声的语言的方法。它可以将抽象静止的感情转化为真实具体的感情，可以让阅读的人毫无障碍地去体味、感受书中的内容，这样的阅读才更有意思，更能激发我们的兴趣。所以我们在读书时一定要读出声，而为了能读出声，最好选择一个合适的阅读环境。

3. 准确

准确的朗读是有感情地阅读以及流利阅读的基础，所以只有扎扎实实地读准字句的发音，而且不读错字、不增减字句，才能将语调、思想内容这些信息给弄清楚。

第四章

超实用的记忆方法（二）

编码记忆法

【记忆故事】

蒋春鹏是某公司的会计，每天都要和大量枯燥的数字打交道，虽然很无趣，但是又必须打起十二分的精神，尤其是每个月月末工作最多的时候。因为一旦在某个数字上出现了错误，那不仅会使他做的很多工作都变成无用功，而且还有可能会给公司造成经济损失，而这个损失最后肯定是要会计来承担。

压力这么大的工作其实是不适合蒋春鹏做的，因为他的记忆力一直都不算好，而且他对财会方面的问题也没有特别的兴趣。无奈家里人觉得学会计将来能找份稳定的工作，就让他报了个会计专业，大学毕业后更是托人给他找了现在的这份工作。

不过，他也知道既然做了这份工作，那就得好好做。可刚开始工作时，他确实有些不适应，主要是每天要记那么多数字，压力实在是有点大，而且需要记忆的数字一多，他就容易出错。这种情况让他非常担心，生怕出什么问题，于是，他开始琢磨怎么才能牢牢地记住那些数字，还有怎么才能用更短的时间记住更多的数字。

一天，他在家休息时，偶尔听到外甥在给姐姐背他在学校学的数字歌，“1 像铅笔直又长，2 像鸭子水中游，3 像耳朵两道弯，4 像小旗随风飘……”。这首数字歌带给了他灵感，他觉得自己也可以将所要记忆的数字以谐音或是象形的形式，按照自己的习惯或是喜好来进行编码，这样他在记忆的时候就会比较容易了，而且记忆效果也绝对比死记硬背要好得多。

有了这个想法后，他马上开始付诸实践。经过努力，他将 1 ~ 100 这些数字都按照自己的习惯或是喜好编了码，然后自己举例自己练，结果他对数字的记忆变得越来越好，记忆力也提高了很多。

【记忆宝典】

编码记忆法，是将所要记忆的内容转化为形象的编码词来进行记忆的方法，该方法主要应用于数字记忆和字母记忆。

我们先来了解有关数字编码的内容：数字编码主要有谐音编码和形象编码两种，其中谐音编码如 13 就是医生，15 就是鹦鹉；形象编码如“6 像哨子对我笑，7 像镰刀割青草”等。

编码表

数字	编码	数字	编码	数字	编码
1	铅笔	11	筷子	21	鳄鱼
2	鸭子	12	婴儿	22	鸳鸯
3	耳朵	13	医生	23	和尚
4	红旗	14	钥匙	24	儿子
5	铁钩	15	鹦鹉	25	二胡
6	哨子	16	杨柳	26	河流
7	镰刀	17	仪器	27	耳机
8	麻花	18	泥巴	28	恶霸
9	勺子	19	药酒	29	阿胶
10	棒球	20	耳铃	30	森林

除了谐音编码和象形编码这两种方法外，我们还可以对数字进行混合编码，也就是谐音编码与象形编码混合应用，如 20 是耳环，24 是盒子，26 是河流，50 是五环或者悟空等。

对数字进行编码记忆的具体程序是这样的：给每一个数字赋予一个形象的编码词，要达到只要一想到编码词的形象就能够想到数字的熟练程度。随后再把每一个代表数字的编码词与所要记忆的内容建立起想象联结，用编码词的形象对记忆内容进行“捆绑”，从而让我们一想起编码词就能想起所要记忆的内容。

为什么要给数字赋予一个形象的编码词呢？因为数字是抽象的，其自身只能代表一种抽象的顺序，没有办法表达形象的意义，所以它并不容易被记住。但是当我们将数字与形象的编码词“捆绑”在一起之后，就等于让数字拥有了意义，它就变得容易被记住了。下面大家来看这样一个例子：

当我们需要记忆 783492562891 这串数字时，我们可以先将它们拆分成这样的组合，即 78、34、92、56、28、91，然后就可以给他们逐个赋予一个编码词，即奇葩、三思、九儿、我留、恶霸、九姨，在此基础上，将这些编码串联起来，这样就比较好记忆了。

下面我们来了解一下进行数字编码时需要注意的一些问题：

1. 每一个编码词都应该有一个对应的图像，可以让我们在想到这个编码词时就能马上想象到这个图像，这个图像应该有生动、鲜明的特征，尽量不要与其他编码词的图像相混淆。

2. 如果我们觉得一些别人编制的编码表里面的编码并不好用，那么在创造出适合自己的新编码之前，请先牢记别人编制的编码表。因为这样的编码表能够流行开来，就说明它是有一定效果的。

此外，在设计适合自己的编码词时，我们要按照自己的喜好与习惯进行，因为这样可以让我们获得更好的记忆效果。

3. 在保证图像鲜明、清晰的前提下，编码词与其相应的数字的谐音、形象越相近越好。

4. 要尽量拓展想象。因为数字编码记忆的关键就是联想串联，而联想的关键又在于想象，所以拓展想象就是让联想串联能够轻松进行并且让整个记忆过程都变得轻松的关键所在。因此，我们在设计编码词时一定要将想象的丰富性与场景的延展空间考虑进去。

5. 要拒绝复杂。数字的编码词首先必须具有独立性，每一个数字最好是只有一个编码词，这一点对于那些进行形象转换的编码词尤为重要。如果一个数字对应的编码词比较多的话，是很容易造成混乱的。

了解了数字编码后，我们再来了解一下字母编码。所谓的字母编码就是把一个或是多个字母通过象形等方法，将其转变为常用的形象以方便记忆的方法。利用字母编码的方法，我们可以将字母或是字母组合变成图像，这样就比较容易记忆了。我们先来看看单个字母的编码，比如可以将 S 想象成蛇，将 M 想象成麦当劳，将 T 想象成伞，将 P 想象成一面红旗。

随后我们来看一下字母组合，也就是单词的编码，请看下面的这个例子：

1.virus 病毒

可以将 vi 想象成六（罗马数字 vi 是 6），r 想象成小草，us 则是我们。在记忆时就可以把它记成：这六棵小草给我们带来了病毒。

2.banquet 宴会

我们可以将 ban 想象成汉字搬的拼音，qu 则联想为汉字去的拼音，et 则代表外星人。这样在记忆时就可以把它记成：这个宴会要搬去外星人家里举行。

3.boom 繁荣

我们可以将 boo 想象为数字 600，m 就想象为麦当劳，在记忆时就可以把它记成：这条街上居然开了 600 家麦当劳，真是太繁荣了。

4.mien 风度

我们可以将 men 想象为男人们，而 i 则想成一根烟，在记忆时就可以把它记成：抽烟的男人们是没有风度的。

5.business 生意

我们可以将 bus 想象为公共汽车，将 in 想象为在里面，e 则想象为鹅，ss 则是两条蛇，那么在记忆时就可以把它记成：一只鹅和两条蛇在一辆公共汽车里面谈生意。

形象记忆法

【记忆故事】

上周，沈星又在市里举行的演讲比赛中拿到了一等奖，这是她拿的第n个演讲方面的奖项了。她的演讲流畅、自然、生动，还含有丰富的感情，周围的人都佩服她怎么能记住那么长的演讲稿。其实刚开始接触演讲时，她对那长长的演讲稿也是很头疼的，每次她都要花很多时间才能把稿子背下来，不过因为是死记硬背的，所以有时候一紧张就会忘词，真的很尴尬。

她很为这件事伤脑筋，后来，她的表叔偶然听她说起这事后，就建议她在记忆演讲稿时试一试形象记忆法，简单点说就是把那些抽象的材料和具体的形象连接在一起。不过这个方法具体该怎么运用，表叔也只是听说过，不是很懂，所以从那时候起，她就一直在琢磨这件事，结果越琢磨收获越大。在反复的琢磨与实践中，她对演讲稿的记忆效果越来越好，不仅记忆速度变快了而且很长时间都不会忘记。此外，她还将这种方法用在了学习上，结果成绩也提高了很多。

【记忆宝典】

所谓的形象记忆法，就是将所有需要记忆的材料，特别是那些难记的、抽象的材料形象化，用直观、生动的方法进行记忆。实际上，很多心理学研究都证明，我们对形象信息的记忆效果比对抽象信息的记忆效果要好得多，而且形象越是生动，记忆效果就越好。所以，我们在记忆时应该尽量采取形象、直观的方式，让那些抽象的、难以记忆的知识变得形象化。

形象记忆包含的范围很广，我们对自己所有感知过的事物形象的记忆都算是形象记忆，其中就包括对事物的形状、体积、声音、气味、颜色等具体形象的识记、保持或是再现。它有着显著的鲜明性和直观性，而且人类的记忆就是从形象记忆开始的，儿童出生 6 个月后就具备了形象记忆能力，比如对妈妈和熟人面貌的记忆。所以，形象记忆是非常重要的中间环节，没有它我们就无法完成由感知到思维的过程。

形象记忆理论上可以让一个人在很短的时间内记住上千个电话号码，而且一周都不会忘记。所以，现在我们对形象记忆的潜力还缺乏深刻的认识，有研究者通过研究和推算，得出了这样的结论：一般人记忆中的语言信息量和形象信息量的比率是 1∶1000。为了证明形象记忆在大脑中的重要位置，我们来看一下下面这个“西维雷尔摆动实验”：

先准备一根细线，长 25 ~ 30 厘米，线的下端拴上一枚纽扣或是小螺母，将其当成吊摆。随后再找一张纸，在上面画一个直径为 10 厘米的圆，在圆心内画一个十字，然后按照下面的步骤开始实验：

1. 让自己平稳地坐在椅子上，放松双肩，胳膊放在桌子上，心情要保持平静，呼吸尽量平缓，并且要排除一切杂念。

2. 将纸放在桌子上，用右手的食指和拇指轻轻地将细线上端捏住，让下面的纽扣垂在圆心里，距离纸的高度应是 3 ~ 5 厘米。

3. 眼睛要紧紧地盯着纽扣，在大脑中想象纽扣左右摇摆的样子，如果一时之间无法想象出纽扣摇摆的样子，那就可以左右移动自己的视线，注意不要摇头，并且暗示自己说“纽扣已经开始摆动了”。这样一来在我们眼中，纽扣就会在不知不觉中真的摆动起来，这时候再进一步暗示自己说“纽扣摆动的幅度越来越大了”。

4. 接下来，我们在脑海中想象纽扣停止摆动的形象，那么在我们眼中，纽扣就真的会慢慢停止摆动。

5. 将上面提到的方法熟练掌握之后，我们还可以想象纽扣随意前后摆动、对角线摆动或是绕着圆周旋转的形象。

看完这个实验后我们可能会问，为什么我们在大脑中想象某种形象后，它就会成为现实呢？这是因为我们大脑中的手或是手指活动的记忆在起作用。每个人的手或是手指都有过左右、前后晃动的经历，所以晃动的形象早就深深地印在了我们的脑海中，同时，这样的形象记忆还和我们当时的身体动作紧密结合在一起，所以当我们回忆与想象时，身体就会自动重现当时的动作。

那么，如何才能将抽象的材料转化为生动具体的形象呢？其中的关键还是连接，但是在连接时我们要注意以下几点：

1. 最好是以荒谬的、没有意义的方式，用动作将两种画面或是形象连接在一起。

2. 要将所接收的新信息连接在旧信息的上面。

3. 努力创造出一个生动的形象，以便将所接收的信息纳入长期记忆中。

4. 我们所建立的连接最好是有声音、有颜色、有形象、动态的。

最后，我们来介绍几种具体的形象记忆方法：

1. 形象的描述

具体来说，就是将抽象的材料用形象化的语言描述出来，要做到深入浅出，这样在记忆材料时就会快很多。

2. 形象模型

简单来说，就是利用模型、图形或是标本等工具让所要记忆的信息变得具体化，帮助我们进行记忆。有一位有着丰富教学经验的地理老师在实践中总结出了一套实用的教学方法，下面我们来了解一下：

（1）数字形象法。比如越南的地图看起来像“3”，朝鲜的地图看起来像“5”，日本九州的地图看起像“9”。

（2）字母形象法。比如波罗的海在地图上的形状看起来像“K”，黑海在地图上的形状看起来像横写的“F”。

（3）物体形象法。比如意大利在地图上的形状看起来像“靴子”，法国则像是“猫头鹰”，我国甘肃省的形状在地图上像是个“金鱼眼”。

（4）图形形象法。比如欧洲的形状像是一个平行四边形，亚洲则像是一个不规则的菱形，澳洲像是一个五边形等。

3. 形象比喻

简单来说，形象比喻就是用自己所熟悉的事物比喻那些要记忆的材料，让它们变得直观生动，从而在脑海中留下完整、具体的印象。

比如核外电子的排布规律是这样的：那些能量低的电子通常会出现在距离核比较近的地方，而能量高的电子则通常在距离核较远的地方出现。

显然，这样的内容有些抽象，并不容易被理解和记忆。不过如果我们将地面比作原子核，把大雁、老鹰等力量比较大的鸟类比作能量高的电子，然后把力量比较小的燕子、麻雀等鸟类比作能量低的电子。我们就可以在脑海中这样想象：力量大的鸟经常在距离地面又高又远的天空飞，那些力量小的鸟则经常在距离地面很近的地方飞。这样一来，上面核外电子的排布规律就变得既有趣又容易记了。

4. 奇妙地使用“模特”

简单来说，这个方法就是指我们可以将某些难记的材料巧妙地利用一些“模特”来记忆，比如有的学生在上化学课时记不住石蕊试纸颜色的变化。这个时候我们就可以将它看作是一个苹果，想象它在还没有成熟时是青色（用青色代表蓝色），而它成熟之后就变成了红色，正好符合石蕊试纸的颜色变化规律。

鸟瞰记忆法

【记忆故事】

杨天赞是某能源企业的总经理，今天他们公司举行新闻发布会，向媒体以及公众通报公司上市的事。在发布会上，他并没有按照惯例向在场的记者发表讲话，而是选择先让记者进行提问，然后自己就记者的提问做出统一的回答，其实他这样做一来是不想让自己在讲话时被记者打断，因为他知道一旦自己讲话被打断，那再继续往下讲时就会变得不顺畅。二来这样做也可以节省时间并且更有针对性，要不然如果自己讲的内容没法回答有些记者心中的疑问，那自己还得再费时间一个一个地回答他们的问题，而让记者们提完问题自己再讲话，也就免了这层麻烦了。

记者在提问题时他都是一边听一边记在一张纸上，在记录的时候他还在思考着怎样回答。等到记者把想问的问题都问完了，他也根据这些问题相互之间的联系设计好了讲话的顺序，在大脑中对这些要讲的东西有了一个整体的印象。接下来，他在讲话时按照自己设计好的整体框架对记者们所提出的问题做出了回答，更神奇的是他在提到某个问题的答案时还会将目光转向提出该问题的记者，这让在场的记者们都感到非常满意和钦佩。实际上，他采用的这种记忆方法就是鸟瞰记忆法。

【记忆宝典】

简单来说，鸟瞰记忆法就是让我们对所记忆的材料在大脑中形成一个整体的印象的方法。我们在记忆诗词、课文时，效果最好的记忆方法就是这种方法，因为一首诗、词或是一篇课文都会表达某个特定的主体思想，或者会给我们留下一个整体的印象，所以整篇一起记忆的效果自然要比分割成一句一句那样记忆好。因为文章或是诗词进行分割后，我们的脑海中就无法形成一个整体的印象，本来只需要记忆一个对象，现在却需要记忆很多个对象，记忆的难度自然就增加了不少。

现在，我们可以回想一下自己在学校时背诵课文、诗词的情况，如果我们是一段一段背诵的话，肯定是背会了第一段，再去背第二段，等我们好不容易把最后一段背下来，就会发现自己已经把第一段忘得差不多了。而且当我们需要将整篇课文都背诵出来时，会发现自己很难将两个段落连接在一起，也就是背完了一段后不知道下一段是什么。

对该现象心理学家是这样解释的：当我们只要单纯地分段背诵时，整篇文章的主体线索已经不存在了，我们在背诵文章时把握了段落内的联系，但是段落与段落之间的联系却是这种记忆方法所无法把握的。

所以，要想让记忆效果变得更好，我们在记忆材料时就必须把整体和部分相结合。如果我们所要记忆的材料的篇幅不是很长，那么整体记忆的效果是最好的，很多实验都证明采用整体记忆方法要比部分记忆节省 20% 的时间。

不过如果材料篇幅很长，内容过多，那就不适合运用整体记忆方法了。这时最好的方法是化整为零，比如连续学习 4 个小时的效果不如每学习 50 分钟休息 10 分钟的效果好。心理学家阿尔玛曾做过这样一个实验：

他让两组智商相当的学生一起阅读一份经济学方面的资料，甲组一天读 5 遍，乙组每天读 1 遍，一连读 5 天。刚读完时这两组人的测试成绩都差不多，但是两周之后的复查显示，乙组的成绩要比甲组好很多，乙组记住了材料的 1/3，而甲组却只记住了 1/10。这是因为乙组的学生在记忆时完全有时间对所学的材料进行复习，而甲组并没有巩固记忆的时间。此外，分散学习还可以避免因为长时间学习而造成的注意力减退，兴趣下降等问题。

不过需要注意的是，在记忆篇幅很长的材料时，我们最好是先从整体的角度对文章进行理解，然后再分段记忆。不过，所分出的段落也要尽量保持完整，并且还要和上下文紧密地联系在一起，这样的记忆效果要比整体记忆的效果更好。

我们这里所说的分段也是有一定限度的，不能分得太短、太散，而且每个段落记忆的时间也不能太长。所以整体和部分记忆都是相对的，我们在记忆时要根据需要记忆的对象的具体情况做出选择，而且不管采取怎样的记忆方法，都要记住这样一条规律：开头部分最容易记，结尾部分次之，中间部分则最难记忆。

记住了这样的规律后，我们就可以更好地分配时间和精力，尽量减少或是避免遗忘现象的发生。

链接记忆法

【记忆故事】

赵辉在平时的学习中最怕记忆那些抽象的词，比如说精神、命运、逻辑等，还有一些定理和公式，可这些又不能不记，但勉强自己去死记硬背，效果又不好，这搞得他很头疼。前两天他在参加一次校外交流活动时聊到了这个问题，当时别的学校的一位老师告诉他，遇到这种情况时，最好的办法就是将那些抽象的材料转化为生动直观的形象，这样就比较容易记了。

赵辉听了之后就问有没有什么好方法能完成这种转化，于是那位老师给他介绍了链接记忆法。为了让他更好地理解该方法，老师还给他举了一些例子。当我们在记忆两个看似无关的词时，比如在同时记忆蒸汽机和人时，就可以记成一个人和蒸汽机比谁干得快，结果累得满头大汗；再比如在同时记忆马和面包时，就可以记成有一匹马长得肥，就像是一块大面包。

老师告诉他在将两个词语进行链接时，想象越是夸张、不可思议，就越是容易记住。老师还说关键是找一个点，把那些看起来毫无关系的词语链接起来，而且当链接完成后，还需要我们经常回想，这样记忆会变得更加深刻。

【记忆宝典】

所谓链接记忆法，简单来说就是要找到需要记忆的不同内容之间的链接点，最终形成一根记忆链条，从而更好更快地记住大量的内容。而这样做的根本目的是让我们能够成功地按照一定的顺序记忆任意数量的信息。

下面，我们通过一个例子来了解一下链接记忆法具体是怎样操作的：

现在我们需要记住台灯、纸张、瓶子、床、鱼、电话、窗户、花朵、钉子和打字机这 10 个词语，那么我们要做的第一步就是将“台灯”的形象深深地印在脑海中。如果我们自己家里恰好有一盏台灯，那我们就将“台灯”想象成家里的那盏台灯，这样更容易记忆。

我们假设台灯是自己已经记住的词汇，下面我们要记忆的新词汇就是第二个词语——纸张。此时，我们可以在脑海中想象一张非常大的纸，纸上面还系着一根细铁丝，我们用手轻轻地拉一下这根细铁丝，那张纸就会像台灯一样发光。此外，我们也可以想象成一盏台灯在一张纸上画画、写字，总之将两个词“链接”在一起的方式应该是夸张的、荒谬的，一定要超出常规想象的范围。

接下来我们要做的是，让已经设计好或是想象好的画面在脑海中清晰地浮现出来，要做到一瞬间就能想起这个画面，还要将这个画面想象成真实发生的情况。

下一个要联系的词汇是瓶子，我们必须在脑海中想象出一个夸张的画面，将纸张和瓶子联系在一起，这时候我们就不需要再考虑台灯的问题了。我们可以这样想象：从一个巨大的瓶子里倒出了一张张纸，或者这个瓶子其实是用纸做成的。最重要的还是要保证我们的大脑在一瞬间就能回想起这个画面。

接下来要联系的词汇是床，这时我们要想办法将瓶子与床联系在一起，可以根据自己的习惯设计出各种夸张的场景，比如床上堆着上万个瓶子，或是我们躺在一万个瓶子做成的床上。因为我们在想象时会将注意力集中在这两个词汇上，因此在尝试连接两个词汇的过程中，我们就已经将它们牢牢地锁定在自己的记忆中了。

下一个要记忆的词汇是鱼，这就需要我们将床和鱼联系在一起。我们可以想象一条鱼躺在床上睡觉，或是我们在河边钓鱼时没有钓到鱼，而是钓到了一张床，甚至是我们看到一张床躺在河边钓鱼。

后边的那些词汇就不再详细说明该如何将它们联系在一起了，我们只要弄明白具体的方法就可以了。下面，我们再来了解一下关于链接记忆法的一些需要注意的具体问题。

首先，我们怎样做才能让自己所想象的画面或是场景变得荒谬、夸张，甚至是不可思议呢？方法如下：

1. 想象用一个事物去代替另外一个事物，比如我们可以想象自己每天都是在一条鱼的肚子上睡觉，而不是在一张床上睡觉。

2. 要努力让自己所想象的画面动起来。

3. 要让自己所想象事物的尺寸变得夸张，不能与真实的尺寸相符。

4. 对物体的数量要尽量夸大，比如我们可以想象自己的床底下放着一千万个啤酒瓶。

其次，链接记忆法不是在脑海中想象一个故事，然后将所需要记忆的词语都同时连接起来，而是应该将每一对词语都当作是一个独立的对象来处理然后依次两两相连。此外，当同一个链接中多次出现同一事物或是同样的事物出现在不同的链接里时，也不用担心会造成混淆，因为只要按照本文所说的方法链接不同的对象，就会形成不同的画面，这些画面会提醒我们回忆起正确的信息。

再次，一定要想办法记住链接中的第一个词，如果我们记不住第一个词，那后边的一串词就都会想不起来。所以有必要通过一些夸张、荒谬的想象将第一个词语与自己所熟悉的东西联系起来，这样我们就不容易忘记了。

最后，如果我们通过链接记忆法记住了一些将来不会经常用到的信息，那时间一长，我们就会忘记其中一部分。如果我们不想将其忘记，就需要经常在大脑中复习，例如每三天复习一次，或者每周回顾一次，这样一来这些信息就会牢牢地印刻在我们的脑海中，在需要时就可以随时提取出来了。

特征记忆法

【记忆故事】

张熙平时经常会去参加一些行业间的聚会，不过他有一个苦恼，那就是因为见的人比较多，所以很多人的名字和外貌他都对不上号，这就导致他在参加聚会时经常会叫错人家的名字，大多数被他叫错名字的人都不会太在意这件事，认为这是很正常的事，可有的人却挺在意的，觉得张熙不尊重自己，连名字都会弄错。所以，叫错名字这事对他的工作产生了一点小影响。

因此，张熙决定改变这种情况，于是他就到处找人请教。后来有一个同事给他介绍了特征记忆法，简单来说就是把人的特征与其名字联系在一起，见到一个人时先从其身上寻找出他比较突出的、和别人不一样的地方，记住了这个特征后，再把名字和这个特征对上号，那样名字和外貌自然也就容易记住了。

张熙掌握了这样的方法后就开始运用到实践中，在一次行业聚会上，他遇到了两个比较重要的人，一个叫柳岱林，一个叫范祥祥。他为了记住这两个人的名字，开始观察他们有没有什么特征，结果他发现柳岱林胡子特别浓密，他就在心里把他的名字记成了胡子柳，而范祥祥说话稍微有些口吃，于是就把他记成口吃范。事实证明这样的方法真的很实用，两个月后他和这两个人再次见面时，仍然能准确地叫出他们的名字，而且从那以后他再也没有叫错过别人的名字。

【记忆宝典】

简单来说，特征记忆法就是我们在记忆的过程中要有意识地将记忆对象的最重要的特征或是个性找出来，将它们作为识记、回忆和辨认的线索，通过记住这些显著特征，进而记住所要记忆的对象。其实这个方法是很容易理解的，生活中那些特征明显的事物总是很容易引起人们的注意，而且也容易让人们记住，比如我们在大街上看到一位美女的腿特别长，那她就会在我们的脑海中留下深刻的印象；再比如，当我们参加聚会时最先记住的肯定是那些在年龄、相貌、地位等方面最为突出的人，这些人会给人留下深刻的印象，于是我们很有可能会当场记下他们的名字。而正因为如此，很多人在与人交流时，为了能给人留下深刻的印象，就会想办法让自己在某方面的特征变得突出一些，比如服装穿得比较新潮，或是在个性、言行上故意表现得与众不同，等等。

我们说记住主要特征有利于巩固记忆，这一点是有科学依据的。心理学研究表明，抓住事物特征有利于提升我们的记忆力。大脑皮层有两个基本的神经过程，也就是兴奋过程和抑制过程，而这两个过程都是由一定的刺激所引起的。客观事物之间相似的地方带给人的刺激也是相似的，所以很容易产生混淆，所留下的记忆痕迹也会越来越淡；而事物之间不一样的地方，也就是它们的个性会对大脑产生较强的刺激，从而让大脑形成一个兴奋灶，最终留下鲜明的记忆表象。

所以，如果我们一方面能够注意弄清楚客观事物之间的相似性，另一方面又能努力发掘事物各自身上所存在的个性特征，那就可以获得更好的记忆效果。

下面我们要说的是，要想抓住事物的特征，离不开观察、辨别和发掘三个步骤：

1. 观察

记忆的基础是观察，只有进行细致的观察，才能够记得牢固、扎实。

对于那些没有经过仔细观察的记忆活动，我们事后只能回想起一个粗略的大概，详细内容则没办法回想起来。通常情况下，我们对事物的观察顺序应该是从整体到局部，而且在整个观察过程中都要注意寻找事物的显著特征，事物的特征确认之后，我们就能把它牢牢记住了。

2. 辨别

现实生活中，很多需要记忆的对象其实都是非常相似的，所以很容易造成混淆，只有做到认真辨别，发现它们的不同之处，找出所要识记对象的特征，才能更好地记住它们。在具体进行记忆时，有些记忆对象的特征是非常明显的，而有些则需要投入一定的精力仔细寻找，才能够将其辨别出来。不过，经过认真辨别后所抓住的特征，会被记得更加牢固，很难被忘记。

3. 发掘

有些记忆对象表面上是没有什么特征的，这时我们就可以人为地赋予其一个特征。比如在学习过程中，有很多内容在表面上看起来需要完全依靠机械式的记忆才能记住，如字母、年代、地名、元素符号等。这些内容貌似很简单，可实际上却是非常难记的。这个时候我们就可以人为地赋予这些内容某种特征，虽说这些特征大多与事物的本质并没有内在的必然性联系，只是记忆它们的人从自己的经历出发赋予它的一些特征，不过这些特征与记忆内容之间有着某种联系，我们利用这些联系的提示，就可以帮助自己回想起所要记忆的内容了。

最后，我们来学习一些具体的特征记忆方法：

1. 浓缩特征法。简单来说，就是将所要记忆的材料的特征浓缩成简短的内容，如大纲，甚至可以浓缩成一个字进行记忆。这样记起来既省时，又能记得牢固。

比如我们在记忆北非和西亚地区的石油资源的相关特点，即储量大、埋藏浅、出油多、油质好时，就可以记成“大、浅、多、好”四个字。

在记忆中国古代农民起义的特点时，可以这样记：秦末的农民起义是仓促起义，东汉末年的黄巾起义是有准备、有组织的起义，唐末时的黄巢起义军喜欢流动作战。

2. 数字特征记忆法。认真分析所要记忆的数字，从中概括出一些特征。

（1）记忆历史年代时，可以根据其本身的特征来记，请看下面的例子：

减法。如周平王东迁是公元前 770 年，而 7 减 7 正好等于 0，这样就好记了。

乘法。如公元 1644 年清军入关，明朝灭亡，可以记忆为 4 乘以 4 等于 16。

连续。如蒙古灭掉金朝的那一年是公元 1234 年，1234 是四个连续的自然数，这样记的话就比较容易记住。再比如法国大革命发生于 1789 年，其中 789 也是 3 个连续的自然数。

加法。比如李时珍在公元 1578 年时写成了本草纲目，就可以将其记成 7 加上 8 等于 15。

叠加法。比如东汉末年魏蜀吴三国的建立时间分别是公元 220 年、221 年、222 年，这样一来只要记住了魏国是公元 220 年建立，那么再采用叠加法，加一年是蜀国的建立时间，再加一年就是吴国的建立时间。同样，《辛丑条约》是在 1901 年签订的，辛亥革命发生于 1911 年，中国共产党于 1921 年成立，1931 年发生了九一八事变，1941 年时发生了皖南事变，这几个时间点之间每叠加 10 年，就是下一个重要的时间。

历史年代的叠加法

时间	事件
1901 年	签订《辛丑条约》
1911 年	辛亥革命发生
1921 年	中国共产党成立
1931 年	九一八事变
1941 年	皖南事变
1951 年	中华人民共和国与巴基斯坦建交

（2）在日常工作与生活中我们经常需要记忆一些数据，比如电话号码，这些数据可以利用一定的特征转化为一个算式。比如有一次爱因斯坦问一个朋友的电话号码，朋友告诉他自己的电话号码是 24361，不太好记。爱因斯坦听了却说，这有什么不好记的，两打（一打是 12 个，两打就是 24）加上 19 的平方（361）就可以了。

（3）地理上所涉及的一些知识有时候会有一些数字上的巧合，也可以从中总结出一定的规律。

在讲到东非国家时，可以这样总结：两达（卢旺达、乌干达）、两布（布隆迪、吉布提）、三亚（埃塞俄比亚、坦桑尼亚、肯尼亚）。这样一来东非的 9 个国家就记住了 7 个，剩下塞舌尔和索马里也就好记多了。再比如，在学习南亚地理时也可以总结出三个“三”，即三种气候（热带沙漠、热带季风、热带雨林）、三大河流（布拉马普特拉河、恒河、印度河）、三种地形（南部德干高原，中部恒河平原、印度河平原，北部山地）。

此外，地理方面所涉及的一些知识还与我们所熟悉的一些事物巧合。比如地球的表面面积是 5.1 亿平方公里，这就可以与五一劳动节联系在一起进行记忆。

对比记忆法

【记忆故事】

钱斌平时在学习时很擅于用对比记忆法记忆材料，这种记忆方法让他能花费较少的时间记住更多的东西，而且记忆效果也很好。他平时比较多地将对比记忆法用在对历史知识的记忆上，因为对他来说，这些繁多的历史知识实在难记。那么，他在记忆历史知识时是如何运用对比记忆法的呢?

前两天，他在记忆太平天国运动以及义和团运动时就运用了对比记忆法，当时他将这两个历史事件放在一起进行比较，寻找他们的异同点。他发现这两场运动都具有以下几个共同点：

1. 从失败的原因来看，它们都是在清政府和帝国主义联合镇压下失败的。

2. 从斗争形式来看，它们都是以武装斗争为主要形式。

3. 从所起到的作用来看，它们都对中外反动势力进行了沉重的打击。

4. 从组织手段来看，它们都是利用宗教迷信组织群众参加斗争。

5. 从性质来看，它们都具有反对外来侵略和本国封建统治的性质。

这两者之间除了存在一些共同点外，还存在一些不同之处：

1. 从斗争的时间来看，前者总共坚持了 14 年，而后者从兴起到失败也就不到 2 年的时间。

2. 从影响的范围来看，前者的势力发展到了 18 个省，后者则主要是在华北、东北地区发展。

3. 从兴起的背景来看，前者主要是反对封建统治，后者则主要是反对帝国主义的侵略。

4. 从政权建设这一点来看，前者建立了政权，并且还有一支可以统一指挥的军队；后者并没有建立政权，斗争也比较分散，没有统一的指挥。

对这两个历史事件进行了这样的比较后，他就能抓住其中的关键点，这样就可以牢牢地记住这两个历史事件了。

【记忆宝典】

简单来说，对比记忆法就是将所需要记忆的内容通过对比来进行记忆的方法，可以是将相似的东西放在一起对比，找出其不同点，也可以是将不同的事物放在一起对比，找出其相同点。通过对比我们能够加深对所记忆材料的印象，以方便我们进行记忆。

对比记忆法通常有以下几种具体的方法：

1. 类似比较法

很多知识表面上看起来非常相似，可是本质上却有着明显的差异，比如黄巾起义是在公元 184 年，邮编查询电话为 184，浓硫酸的密度为 $1.84g/cm^3$。经过这样一比较的话，这些内容就都好记得多了。

2. 横向比较法

在记忆时，很多属于同一类的事物可以进行横向比较。而所谓的横向比较就是同性质、同品种、同时代的事物进行比较，比如上面例子中提到的太平天国运动和义和团运动的比较。

3. 纵向比较法

主要是新旧知识之间的比较，在学习新知识时，我们可以将之与已经记住的旧知识进行比较，找出他们之间的相同或是不同的地方。比如记忆俄国在历史上的名字时，可以这样记：1547 年时叫沙俄，1917 年时叫苏俄，1922 年时叫苏联，1991 年时叫俄罗斯联邦。

4. 对立比较法

在记忆时，将相互对立的事物放在一起进行比较，从而形成鲜明对比，这就很容易在我们大脑中留下深刻的印象，这种方法就叫作对立比较法。比如我们在记忆“民主”时就可以与“专政”一起记忆，记有理数时可以与无理数一起记。这样对立的知识点很多，放在一起记忆会让我们记得更快，效率也更高。

对比记忆法在生活中的很多方面都能应用，下面我们来简单了解一下：

一、对数学概念的记忆

1. 一元一次不等式与一元一次方程解法步骤的联系与区别。首先这两者的解法步骤是完全一样的，都需要经过这些步骤：去分母、去括号、移项、合并同类项、系数化为 1。两者之间的不同之处在于，在解答不等式时，在去分母和系数化为 1 过程中，如果除数或乘数是负数，那就要对不等号的方向进行改变。

2. 有理数和无理数。这两者统称为实数，其中有理数包括分数、有限小数、整数以及无限循环小数，其性质是没有最小，没有最大，具有间断性、稠密性和顺序性，还可以永远进行加减乘除四种运算，而且除数永远不为零；而无理数则是专指无限不循环小数。

有理数和无理数的对比

有理数	无理数
包括分数、有限小数、整数、无限循环小数	专指无限不循环小数
没有最小，没有最大	
具有顺序性、稠密性和间断性	
永远可以进行加减乘除运算，除数永远不为零	

3. 直线、射线、线段的区别和联系

它们之间所存在的区别是：直线没有端点，长度没有限制，表示直线的字母是无序的；射线有一个端点，长度没有限制，表示射线的字母是有序的；线段有两个端点，其长度是可以度量的，表示它的字母是无序的。

它们之间所存在的联系是：三者之间是整体与部分的关系，线段与射线是直线的一部分。它们都是由无数个点构成的，在直线上取一点则直线可以分为两条射线，取两点的话则可以分成两条射线和一条线段。此外，将线段的两端延长或是将射线反向进行延长，就可以得到直线。

二、对英语单词的记忆

1. 词首变字母对比。就是利用单词第一个字母的差别形成对比，利用旧词去记住新词。请看下面的例子：

deplete 耗尽，用尽 VS replete 饱食，充满

rapid 快速 VS sapid 有趣 VS vapid 无趣的

2. 词中变字母对比。就是利用单词中某一个字母之间的差别形成对比，以达到用旧词记住新词的目的。请看下面的例子：

condemn 谴责 VS contemn 藐视

3. 词尾变字母对比。就是利用单词最后一个字母之间的差别形成对比，以达到用旧词记住新词的目的。请看下面的例子：

guess 猜测 VS guest 客人

三、对数字的记忆

比如 12 的平方是 144，而 13 的平方是 169；地球到太阳的距离是 1.49 亿公里，而地球的陆地面积为 1.49 亿平方公里；太阳与地球之间的平均距离是 1.5 亿公里，而地球的表面积是 5.1 亿平方公里；黄赤交角成 23.5 度，这与南北回归线所在的维度相等。地轴与黄道平面的夹角是 66.5 度，这和南北极圈所在的维度是相同的。

四、对物理概念的记忆

1. 摄氏温度与热力学温度的联系与区别。我们将标准状况下水与冰混合物的温度规定为 0 度，将沸水的温度规定为 100 度，然后将 0 度与 100 度之间划分为 100 等分，每一等分就是 1 摄氏度，它是摄氏温度的单位，用符号℃来表示。而宇宙中温度的下限大约是 −273℃，这个温度就被称为绝对零度，以绝对零度为起点的温度叫热力学温度，其单位为开尔文，简称开，用字母 K 来表示。

2. 汽化与液化。物质从液态变成气态叫汽化，从气态变成液态叫液化；液体在汽化时吸热，气体在液化时则放热。

3. 凝固点与熔点。晶体的凝固温度叫作凝固点，晶体的熔化温度则叫作熔点，而对于同一种物质来说，凝固点与熔点是相同的。

4. 蒸发与沸腾。它们都属于汽化的一种形式，蒸发是在任何温度下液体的表面所发生的汽化现象，而沸腾则是在一定温度下液体的内部与表面同时发生的剧烈的汽化现象。

5. 升华与凝华。物质直接从固态变成气态叫作升华，而从气态直接变成固态则叫凝华。此外，物质在凝华的过程中放热，在升华的过程中吸热。

五、对化学概念的记忆

1. 单质与化合物。由同一种元素组成的纯净物被称为单质，而由不同元素组成的纯净物则被称为化合物。

2. 饱和溶液与不饱和溶液。在一定温度、一定量的溶剂里，不能够再溶解某种物质的溶液被称为饱和溶液；在一定温度、一定量的溶剂里，还能够继续溶解某种物质的溶液被称为不饱和溶液。

3. 燃烧、缓慢氧化与自燃。它们都属于化学反应，从反应的条件来看，它们都是可以被氧化的物质与氧气发生接触，不同之处是反应的程度有所差别。

当温度达到可燃物的燃点时它才会发生燃烧；缓慢氧化则是在常温下

就可以进行；自燃比较复杂一些，它是可以在常温下发生缓慢氧化反应，而且燃点比较低的物质在某种情况下由于缓慢氧化反应所产生的热量不容易散失，结果导致热量不断积累，温度也不断升高，最终达到燃点而自发燃烧的一种现象。

4. 原子与分子。原子是化学变化中最小的微粒，而分子是保持物质化学性质的最小微粒；有些物质是由原子直接构成的，比如汞；有些物质则是由分子构成的，比如氧气和水。

六、对历史知识的记忆

1. 对历史年代的记忆。

比如公元前 221 年秦始皇统一中国，公元 221 年刘备建立了蜀国。再比如公元前 476 年我国的奴隶制度崩溃，而公元 476 年西欧的奴隶制度崩溃。

2. 对宋朝、明朝农民起义军所建立的政权的对比记忆。

北宋时期的王小波、李顺起义军建立了“大蜀”政权，南宋时钟相建立了“大楚”政权，明末时张献忠建立了“大西”政权，李自成则建立了“大顺”政权。它们四个有两个共同点，一是都是农民政权，二是名称里都有一个“大”字，所以在记忆时我们可以这样记：献忠大喜（大西），自成大顺；小波中暑（大蜀），钟相受处（大楚）。

宋明农民起义军所建政权

起义名称	所建立政权名称
北宋王小波、李顺起义	大蜀
南宋钟相起义	大楚
明末张献忠起义	大西
明末李自成起义	大顺

3. 对“七国之乱”和“八王之乱”的记忆

两者之间存在一个共同点，即它们都是发生在统一国家内部的战乱，而它们之间的不同之处有以下几点：

一是“七国之乱”在三个月内就被平定了，而“八王之乱”却持续了16年。

二是“七国之乱”发生在西汉汉景帝时期，而“八王之乱”发生在西晋晋惠帝时期。

三是前者是七个诸侯国联合起来一起对抗中央政府，而后者则是八个诸侯国之间的混战。

理解记忆法

【记忆故事】

孙成今年念高二，很多同学都非常羡慕他，因为他能把那些难背的古文记得很熟，古汉语方面的知识懂得也比较多，而且他还能用古文写文章。所以有很多同学都向他请教这方面的问题。

其实他以前也和其他同学一样，一看到需要背诵的古文就头疼，每次都需要费好大的工夫才能记住，而且记住没多长时间就忘了，效果很差，搞得他非常烦恼。有段时间他每天早上、晚上都会背古文，甚至还会抄写，这样效果才好一点。

爸爸妈妈看他这么辛苦，也挺心疼的，就到处打听有没有记忆古文的好方法，也好让孩子省点力气。后来爸爸有位做老师的同学知道他的情况后说，记忆古文最好的方法是“先理解、后记忆”，他管这叫理解记忆法，具体的做法是：看到一篇古文时，先不要急着逐字逐句地背诵，而是应该先了解每个词、每一句话、每个段落，以至于整篇文章所表达的意思，尤其是要把那些实词和虚词所表达的意思给弄清楚了。了解整篇文章所表达的意思后，最好是再认真了解一下文章的创作背景或是历史背景，这样的话我们对整篇文章的理解就又加深了一层，然后再去背诵，我们就会更有兴趣，速度自然也会比死记硬背快很多，记忆的效果也会好很多。

从那以后，孙成在背诵古文时就运用理解记忆法，虽然前期花费的时间有点多，但是随着熟悉程度的增加，他记忆的速度变得越来越快，效果也越来越好。

【记忆宝典】

理解记忆法的另一种说法是意义记忆法，简单来说就是在对所要记忆的材料进行积极思考、达到深刻理解的基础上记忆材料的方法。这里所说的理解是指当我们提到某个知识点时，大脑中马上就能够浮现出与之相关的事实，知道事物的意义或是该如何应用它，还了解它与相关知识之间的联系。因为记忆的前提和基础就是理解，所以理解记忆法可以说是最有效且最基本的记忆方法。

德国著名心理学家艾宾浩斯在实验中发现，人们需要平均重复 16.5 次才能够记住 12 个无意义音节，平均重复 54 次才能记住 36 个无意义章节，而只需要平均重复 8 次，就能够记住 6 首诗中的 480 个音节。这个实验告诉我们，凡是能被我们理解的记忆材料，就能够被快速记住，并且印象深刻。

那么，我们如何才能对所要记忆的材料做到理解记忆呢？

1. 了解材料的大意和结构

当我们要记忆某段材料或是某个事件时，首先要弄清楚它的大概内容，也就是要搞清楚材料大概讲了些什么。比如我们读一本书时，首先要做的是将这本书从头到尾通读一遍或是浏览一遍；如果是记忆一首歌的歌词，那就要先把这首歌听上一遍，只有了解了其大概的意思，才能对局部进行更深刻的理解。

了解了材料的大意后，还要弄清楚其基本结构，比如我们读了一篇文章，就要弄清楚它是由哪些部分组成的，每一部分具体起到什么作用，还要搞清楚各部分之间是如何相互联系的。

2. 要进行局部分析

我们对所要记忆的材料有了大概的了解后，就要逐一进行深入的分析，比如我们在看一篇论文时，要弄清楚它的论点论据，还要找出各个部分所表达的主要意思，并对其进行认真的思考分析，这样才能掌握整篇文章的主要内容。

3. 找到重点、关键点和难点并做到融会贯通

对于一篇文章，我们要找到其重点、难点和关键点，而且一定要弄明白并将它们牢牢地记住，在这个基础上，我们才能理解和记住那些比较次要或是居于从属地位的内容。此外，我们还要将自己所理解和记忆的各个部分的内容联系起来，反复地进行思考，从而做到全面理解。

在这个过程中，我们不仅要弄清楚文章所表达的表面意思，还要理解其内在意义，也就是弦外之音。同时要做到能够解释文章所提出的问题，还要善于利用例子（最好不是文章中提到的）来说明问题，达到“触类旁通”“举一反三”的目的。

4. 在记忆时要善于联系

在记忆材料时，我们要善于将大脑中已有的知识和所要记忆的知识联系在一起，从而建立起新的联系。而过去的知识或经验越丰富多样，所建立的新联系也就越多，也就越有利于加深理解。

5. 所记忆的内容要能够在实践中获得应用

如果我们没办法在实践中应用自己所理解的知识，或者说遇到类似的问题时还是干着急没办法，那就说明我们并没有做到真正的理解。真正的理解是能够运用所学到的知识解决实际的问题，而且应用的次数越多，越是能够加深对此知识的理解。

所以，在日常生活中当我们记忆材料时，只要它是有意义的，那就一定要向自己提出“先理解、后记忆”的要求，而且在记忆时还要进行积极的思考，这样才能够取得更好的记忆效果。

音乐记忆法

【记忆故事】

这天，在某高中的一个文科班里，语文老师点了五个学生的名字，让他们挨个全文背诵《长恨歌》，结果前两个学生都没能完全背下来，有的学生更是背了几句就背不下去了，老师对他们非常失望。最后一个站出来背诵的是孙晨，他平时背诗文的表现也一般，所以大家都觉得他肯定背不下来，老师对他都没抱什么希望。

可是让大家意想不到的事情发生了，孙晨居然非常流利地全文背诵了《长恨歌》，这让老师和同学都觉得不可思议。语文老师觉得他一定是花了很多时间去背这首诗，所以等他背完，老师就问他："这首诗你是花了多长时间才记成这种程度的？"谁知道孙晨回答说："花了两个晚上的时间。"老师听了觉得不可能，因为要老师自己去背这首诗的话，两个晚上也绝对背不下来，而且就算背下来了，也不会记得那么熟。

于是，老师又问他："那你这两个晚上都是怎么背这首诗的？你给同学们分享一下你的经验吧。"孙晨听了回答说："我妈妈听说老师要求背诵这首诗后，就建议我先在网上找出这首诗的歌曲，下载下来，然后不断地听，熟悉之后跟着唱。当我学会唱这首歌时，我自然也就记住这首诗了。"

【记忆宝典】

其实，孙晨通过听歌曲来记忆古诗的方法就是音乐记忆法，科学研究证明，音乐确实能够改变人类脑波的运动，当人体的自我律动与歌曲合拍并产生共鸣时，我们就会体验到一种舒畅的美感，这样我们的记忆就能够得到深化了。

很多人都知道，情绪反应对改变记忆状况能够起到重要作用，通常情况下，情绪好的时候记忆就好，而情绪坏时记忆也会受到负面的影响。音乐能够对我们的情绪产生一定的影响，所以很多人在心情不好时就会听音乐，听 段时间后负面情绪就会烟消云散了，从这个角度来说音乐对记忆是有帮助的。

音乐对记忆还有深化、加强的作用。科学研究证明，经常听一些轻松、愉快、舒适的音乐，对我们大脑皮层以及大脑边缘系统的活动有很大的积极作用。而且，在音乐的刺激下，人体内的一些有益的化学物质比如乙酰胆碱的释放量会增加，而它被认为是大脑细胞之间负责传递信息的神经递质，所以乙酰胆碱的增加确实可以增进记忆。

此外，保加利亚的拉扎诺夫博士通过研究发现，音乐是挖掘人的大脑潜力的有力工具。他曾经以医学和心理学理论为依据，对某些乐曲做了研究，结果他发现，巴赫、亨德尔等人所创作的乐曲中的一些慢板乐章能够有效地帮助消除紧张，让人的情绪平静下来。为了对自己的结论进行验证，他找来自己的学生做了一个实验：

他先是让学生们随着舒缓的音乐慢慢放松身体，并且还让他们根据音乐的节拍朗诵一些素材，随后再播放欢快的音乐给他们听，让他们的大脑从冥想、记忆的状态中剥离出来。结果显示，在这样的状态下，这些学生的记忆效果非常好。

这次实验结束后，保加利亚方面专门召集了一批研究记忆方面的专家，建立了拉扎诺夫学院，他们在对拉扎诺夫博士的实验进行研究和改进之后，发明了“超级音乐记忆法”。后来他们运用这种方法帮助学生们在短短四个月的时间里完成了原本要花费两年时间才能学会的课程，学习效率大幅度提高。

在日常生活中，我们能够找到不少音乐加强记忆的例子，比如我们小时候学习 26 个英文字母时，都会先学习一首英文字母歌，这首歌多听上几遍，26 个字母就都记住了。相反，如果只是记忆这 26 个字母，而不听歌曲，那记忆的难度就大大增加，因为这 26 个字母之间是没有任何逻辑关系的。

再者，平时我们都会听一些自己喜爱的歌曲，听的时间长了，我们自然而然就能记住歌词，但是如果我们在不听歌的情况下记忆歌词，就会发现它们并不容易背诵。此外，很多人在学习时总会听一些自己喜欢的歌曲，这样做可以让大脑处于放松的状态，还可以刺激神经，让自己兴奋起来。在这种情况下，我们通常都能获得良好的学习和记忆效果。

其实在古代，诗、词和歌是不分家的，比如很多人都学过的《诗经》，在古代，《诗经》里的每一篇都是配有相应的曲调的，也就是说《诗经》里的那些诗都是可以让人唱出来的歌词。此外，《汉乐府》、唐诗、宋词这些诗词也都是能够按照一定的韵律唱出来的，就是因为它们能够被唱出来，所以才容易被人们记忆，才会一直流传下来。因此，我们在学习古诗词时也应该想办法把它们给唱出来，这样做不仅可以增加学习的趣味性，还能够帮助我们提高记忆力和学习效率。

那么，我们在平时的学习中具体应该怎么做呢？

首先，我们在学习时要经常听一些愉悦、舒缓的音乐，这样可以让我们的大脑处于放松的状态，我们在学习时就能获得更好的记忆效果。

其次，我们可以试着将所记忆的材料编成歌曲，或是将需要记忆的材料填入某首歌的乐谱中唱出来。其实这样的方法在实践中已经有所应用了，比如一些老师会将化学元素周期表、数学公式、物理公式、拼音字母等编成歌曲，教给学生们唱。

图表记忆法

【记忆故事】

最近这两周，王凯一直在读陀思妥耶夫斯基写的长篇小说《卡拉马佐夫兄弟》，因为他下个月要给书友们讲这本书，这是他第一次在读书会上主讲一部长篇小说。随着阅读的进行，他有点后悔了，因为这本书实在是太长了，上下两册加起来有 854 页，很多时候他都是看了后边的情节就忘记了前边的情节，而且由于书里面的人物比较多，一个名字又有两三种叫法，而且各个人物之间的关系也比较复杂，这些问题又增加了阅读的难度，让他非常头疼。如果他连主要人物的名字以及他们之间的关系都弄不清楚，那还怎么讲呢？这件事让他很为难。

于是，他就向读书会里经常主讲长篇小说的赵渝老师请教，问他遇到这种情况时都怎么做。赵老师告诉他，遇到这种情况时，最好是能把自己看到的内容做成图表，比如当人名比较难记以及人物之间的关系比较复杂时，就可以画一个人物关系图，还可以将书中讲到的重要情节都放到一个表里，重点进行记忆。赵老师还说，做图表时最重要的就是根据自己的阅读经验亲自动手制作图表，这样记忆才会更深刻。

王凯听了赵老师的建议后，就决定先动手做一个简单的主要人物表，他做的表是这样的：

人物名字	身份及关系
费奥多尔·巴夫洛维奇·卡拉马佐夫	地主
阿杰莱达·伊凡诺夫娜·米乌索娃	卡拉马佐夫的第一任妻子
索菲亚·伊凡诺夫娜	卡拉马佐夫的第二任妻子
德米特里·费奥多罗维奇·卡拉马佐夫（米佳、米坚卡）	卡拉马佐夫与米乌索娃所生的长子
伊凡·费奥多罗维奇·卡拉马佐夫（瓦尼亚）	卡拉马佐夫与索菲亚·伊凡诺夫娜所生的次子
阿列克谢·费奥多罗维奇·卡拉马佐夫（阿廖沙）	卡拉马佐夫与索菲亚·伊凡诺夫娜所生的小儿子
彼得·亚历山德罗维奇·米乌索夫	阿杰莱达·伊凡诺夫娜·米乌索娃的堂兄
彼得·福米奇·卡尔加诺夫	彼得·亚历山德罗维奇·米乌索夫的侄子
卡捷琳娜·伊凡诺夫娜·韦尔霍夫采娃（卡佳）	米佳的未婚妻
阿格拉费娜·亚历山德罗芙娜·斯韦特洛娃（格鲁申卡、格鲁沙）	米佳的情妇
库兹马·库兹米奇·萨姆索洛夫	商人，格鲁申卡的姘夫
穆夏洛维奇	波兰人，格鲁申卡的旧情人
卡捷琳娜·奥希波夫娜·霍赫拉科娃	一位有钱的寡妇
丽莎	霍赫拉科娃的女儿
格里戈里·瓦西里耶维奇·库图佐夫	卡拉马佐夫家的仆人
玛尔法·伊格娜吉叶芙娜	格里戈里的老婆
巴维尔·费奥多罗维奇·斯梅尔佳科夫	疯女丽萨维塔被卡拉马佐夫强奸之后生下的儿子，长大后在他们家做厨子
佐西马神父	修道院的长老
米哈伊尔·奥西波维奇·拉基京（米沙）	神学院的学生
玛丽娅·康德拉季耶夫娜	卡拉马佐夫家的邻居
尼古拉·伊里奇·斯涅吉廖夫	退职的上尉
伊柳沙	斯涅吉廖夫的儿子
科利亚·克拉索特金	伊柳沙的同学
斯穆洛夫	伊柳沙的同学
尼古拉·帕尔菲诺维奇·聂留朵夫米	侦查员
哈伊尔·马卡罗维奇·马卡罗夫	警察局长
伊波利特·基里洛维奇	检察官
费丘科维奇	律师
赫尔岑斯图勃	医生
特里冯·鲍里瑟奇	旅馆老板
马克西莫夫	地主

有了这个表之后，他就对这部小说的主要人物以及他们之间的关系有了一个直观的认识，随着阅读的不断深入，他又做了不同的图表。最终他利用这些图表很好地记忆和理解了这部小说的内容。

【记忆宝典】

简单来说，图表记忆法就是对需要记忆的材料进行加工与组织，将它们编制成图表的形式，然后再进行记忆的方法。由于图表记忆法是在图表的基础上进行记忆，我们就有必要先弄明白图表在记忆方面都有哪些优点。

首先，它能对我们所需要记忆的材料进行归纳整理、找出每种记忆材料的特征，从而让我们在看图表时能够做到一目了然。此外，我们在编制图表的同时也对所需要记忆的材料进行了比较、分析、归类以及理解等一系列思维加工，帮助我们弄清楚所整理的各部分内容之间的区别和联系，从而让我们的记忆得到加深。

其次，我们所学的知识很多都是无序的、没有规律的、零散的，而通过制作图表，我们就可以将这些内容有条理地组织起来，将它们分别放到恰当的位置上，让它们能够与其他知识产生联系，从而形成一个整体，方便我们掌握、理解和记忆。

因此，如果我们能正确地使用这种方法，就能够对所需要记忆的材料的体量进行有效的压缩，让我们只需要通过一幅幅简单的图表，就能够了解大量庞杂的信息，而且当我们提取记忆材料的时候也会非常快捷，从而极大地提高了记忆的效率。

由于图表记忆法能够极大地提高记忆效率，所以在现实生活中得到了广泛的应用。比如早在西汉时期，司马迁就曾在《史记》中用图表法整理出了《三代世表》《十二诸侯年表》等十表；在化学领域，则有我们大家所熟知的《化学元素周期表》；地理方面的《世界各国（地区）面积、人口、首都（首府）一览表》；历史方面的《我国历史朝代年表》；等等。

此外，某些事物虽存在共性的一面，但是又有细微的差别，比如记忆中药的药性以及政治课中的一些有着共同点的名词时，我们也可以使用图表记忆法进行记忆，这要比单纯的文字记忆好很多。

图表记忆法的应用范围非常广，所使用图表的类型也是多种多样的，其中最为常见的有以下几种：

1. 网络图

简单来说，就是通过网络关系图来重点展现所记忆材料各方面之间的关系。

2. 关系图

就是通过简单的示意图，将各部分记忆材料之间的关系表现出来，方便进行形象记忆。

3. 一览表

就是站在全局的角度对所需记忆的材料进行全面的比较、分析和总结，掌握记忆素材间的关系，以便于全面记忆。

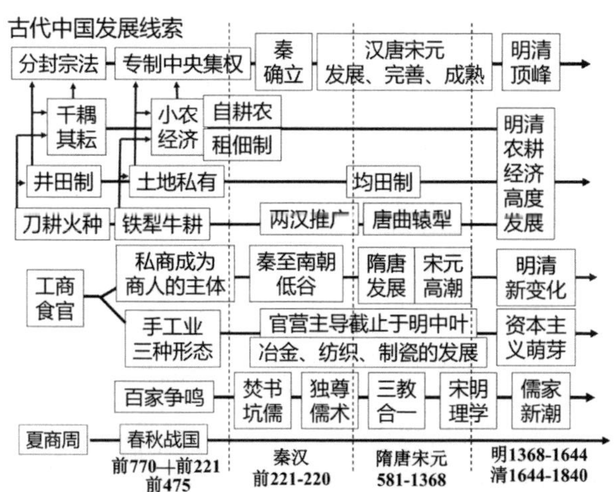

4. 示意图

就是通过图画的方式对记忆材料进行加工，使其更加形象和便于记忆。

5. 比较表

就是要对所需要记忆的材料进行比较和分类，从而让我们从特征上掌握材料的内容。

6. 统计表

就是将带有数据的记忆材料制成表格来帮助记忆。

7. 系统表

就是将需要记忆的材料系统化，便于全面掌握和整体记忆。

下面，我们再来了解一下在使用图表进行记忆时需要注意的一些问题：

1. 图表中的文字应该做到尽量简洁，要能够利用简单的图形或是符号代替文字，这样做记忆效果会更好。

2. 进行记忆时，事先一定要理解图表中的内容，比如有的人在学习历史时觉得单单是看一张《历史复习表》就可以了，这是行不通的。

3. 在学习时，我们不仅要用文字写出所记忆内容的要点，更应该将其画成图表。这样做除了可以加强记忆外，还可以训练视觉化记忆。

第五章

特定对象的记忆术

如何记住面孔与名字

【记忆故事】

从前有个叫约翰的美国人，他能够记住见过的所有人的长相和名字，不管有多久没见面，他都能准确地认出对方，并且还能叫出对方的名字。有一次，他到得克萨斯州的一个小城去参加一场活动，当时有一位在场的长着酒糟鼻的老人向他打招呼，问他还记不记得自己。

约翰盯着老人仔细看了一会儿，然后说："二十多年以前我在小石城见过您。"老人听了，很高兴地说："是的，我们就是在小石城认识的。"然后，约翰又说："请您把脸侧过来，让我看看您的侧面。"老人按照他说的话做了，他看了之后说："我想起来了，当时我们是在一个聚会上认识的，那时候您还是一所中学的老师，我记得您叫史密斯，现在已经退休了吧？"这下子老人更高兴了，他说："我就知道您一定记得我，这么多年了，您的记忆力还是那么好。"

【记忆宝典】

相信很多人在社交场合中都经历过看到一个人后却怎么也想不起来名字的尴尬，这其实是一种颇为失礼的行为，那么我们要怎样做才能记住初次见面的人的面孔和名字呢？专家为我们总结了一些行之有效的方法：

1. 要求对方重复自己的名字

当我们第一次听到对方说出自己的名字时，如果我们没听清，或是没记住，那就应该在必要时打断对方的话，要求对方再重复一次自己的名字，好加深记忆。此外，在对方介绍自己的名字时我们一定要弄清发音，然后还需要再跟着念一遍，并向对方确认。与此同时，我们还可以问对方其名字的拼音应该如何拼写，这样我们就可以通过重复和拼写的方法再一次加深对对方名字的记忆。

此外，我们不要觉得再次询问对方的名字时会很尴尬，其实这样做甚至会让我们给对方留下一个好印象。因为他会觉得我们是真的想要记住他的名字，是在用心地待人处事。

2. 尽可能提前知道对方的名字

研究显示，人们对事先知道的名字会记得更牢，所以在与人交流时，如果条件允许的话，我们最好能提前了解一下对方的名字，而在现实生活中这样的机会还是不少的，比如如果我们是某企业的人事专员，在与应聘者见面前，我们就可以先看一遍他们的名字；如果我们是应聘者，也可以想办法事先打听清楚面试官的名字，这也是比较容易做到的。此外，在宴会开始前我们可以提前看一下客人联系清单，这样当我们再一次听到他们的名字时，对这些名字的记忆就会更加深刻一些。

3. 在名字与面孔之间进行某种联想

尽量在一个人的名字与面孔之间形成某种联想，首先是对名字进行联想，比如将名字转化为某种具体的东西或是符号，或是转化为某个容易记忆的图像。总之，要让它给我们一定的提示，然后再将该提示对号入座地贴到这个人的面孔上。

比如，一个人叫王春妮，我们可以将“春妮”想象成“春天的泥土”，春妮的脸上有两个小酒窝，然后我们就可以这样记忆：春天的泥土筑起了两个鸟窝。再比如一个人叫方丽，我们就可以把她的脸想象成方形的，然后在记忆她的名字时要记成：她用一只手托着一张方形的、美丽的脸，所以她叫方丽。

方丽——方形的脸——方形的、美丽的脸

需要说明的是，当我们对一个人的名字建立起某种联想后，我们还要经常复习，刚刚记住时我们就要马上回忆一遍这个联想，10 ~ 15 秒之后再回想一下，大约 1 分钟后再回想一遍，这样我们的记忆才能越来越深刻。

4. 注视对方的眼睛

眼睛不仅是一个人心灵的窗口，更是面部记忆的窗口。因为不管在任何情况下，眼睛都是一个人最不可能随着时间的流逝而发生改变的特征。除了岁月留下的一些皱纹外，人的眼睛实际上并不会发生变化，所以只要我们能记住对方的眼睛，就很难会认错他。

5. 要让自己保持轻松的状态

当我们感到紧张时，体内会释放出皮质醇，它是各种记忆的杀手，其中自然也包括对名字的记忆。这样一来，我们原本已经记住的名字也会因为太过紧张而忘记，所以我们一定要保持自信，告诉自己一定能记住对方的名字，同时我们还要让自己尽量放松，这样我们就会更快地记住对方的名字。

6. 要认真观察对方的面孔

既然我们想要记住对方的面孔，那就该认真地观察。在对方做自我介绍时，我们要自然地迎接对方的视线，顺便对其面部特征以及体形打扮进行细致的观察，比如鼻子、眼睛、下巴、发型、脸型，等等，一边观察一边将它们与他的名字联系在一起，以便加深印象。

需要注意的是，在观察对方的面孔时，我们要看一下其脸部或是外表有没有什么特别的地方，比如眼睛比较大，额头比较宽之类的，这样我们再见到他时，其独特的外貌特征就会更容易引起我们的回忆。

7. 在交流的过程中重复对方的名字

在与对方交流时，我们要多称呼对方的名字，这样做一方面是出于礼貌，另一方面是为了加深记忆，因为这样做有利于我们将对方的名字与面孔联系在一起。

8. 通过理解名字的含义进行记忆

大部分人的名字都是父母给起的，而父母在给我们起名时通常都寄托了某种美好的期望，这就是名字的一种含义。那么我们可以通过名字的这层含义来对它进行记忆，理解了其所包含的意义后，自然就能记住这个名字了。

比如王强这个名字，一看就包含了强大、强壮、坚强的意思，而当我们想到这些意思时，还可以结合其外貌特征与“强”建立某种联系，比如他的胳膊非常粗壮，看起来很强大，很有力量。这样一来，我们自然就能记住他的名字了。

9. 谐音记忆法

有些人的名字可以根据其读音将其转化为某个有意思的词组，比如一个人叫范祥祥，那么我们在记忆他的名字时就可以记成“饭香香”。这样只要我们一看到他，就会想到一碗香喷喷的米饭，想要忘记他的名字都难了。

10. 绰号记忆法

绰号通常都是根据一个人最突出或是最明显的个性特征而取的，美国前总统小布什就喜欢给人取绰号，比如他称赖斯为“宗教导师”，称参议员麦凯恩为“法眼”，这些绰号不仅表明了某个人身上最为突出的特征，还可以让记忆名字这件事变得简单和有趣。虽然当我们与一个人初次见面时，是不可能当众给对方起绰号的，因为这是不尊重的表现，不过我们可以悄悄地在心里给对方起一个绰号，这个绰号只有我们自己知道，起这个绰号的目的就是帮我们更好地记住对方的名字。

11. 给这些名字建立档案

如果我们记住了一个人的名字和面孔，那就需要给它们建立档案。比如我们要记录自己是在哪里遇到这个人的，或是记录一些与之相关的事情。这样做可以将人名与其他信息综合起来进行记忆。

对英语单词的记忆

【记忆故事】

李萌是某学校大三的学生，她是班里公认的识记英语词汇量最多的人，所以她从大二就开始做兼职翻译，给一些企业翻译英文资料，收入还挺不错的。而她之所以能记住那么多单词，主要是因为她平时在记单词时习惯做图表和卡片。

平时她习惯将零星、分散的单词通过一张张图表组织起来，从整体进行记忆，这种方法可以很直观地看出各个单词之间的异同，还能慢慢总结出它们之间的联系，这样她就可以有规律地去记忆一些单词。比如在记忆一些表示空间概念的介词时，她就会先把它们做成图表，这样就比较容易理解和记忆了。

此外，她还习惯利用卡片去记忆单词，她会将所要记忆单词的词形、词性、词义、音标、搭配等内容都写在一张卡片上，随身带着，只要有时间就会拿出来看一看、背一背，这样她所有的零碎时间就都被利用起来了，随着时间的推移，她记住的单词自然也就越来越多了。

【记忆宝典】

当今社会，越来越多的人认识到了英语的重要性而开始努力学习英语，而我们都知道，学习英语最重要的环节就是背单词，只有积累足够多的词汇，我们才能够看懂更多、更复杂的文章，理解更多的资料。可是随着生活节奏的加快，每天留给我们学习的时间越来越少了，而在这有限的学习时间里，我们用来背诵单词的时间就更有限了，那么怎样才能在有限的时间里记忆更多的单词呢？为了记忆更多的单词，且获得更好的记忆效果，我们可以采取以下方法：

1. 结合自己的实际情况，制订一份记忆单词的计划，应该有计划、有目的地扩大大脑对单词的记忆容量。

2. 要尽可能多地去参加一些增强记忆力的活动，日常生活中还要尽可能地多讲英语，多给自己创造语言环境。这样有利于我们对所记忆单词的回忆，并能巩固记忆。

3. 要在单词的记忆保持效果开始下降之前及时进行复习。

4. 要尽量在最佳时间段背诵单词，大量研究表明，上午 8 点～ 10 点与晚上 8 点～ 10 点是背诵单词的最佳时间。因为在这两个时间段，大脑中担负记忆任务的脑细胞已经得到了较好的休息，所以记忆效果是最好的。

5. 环境因素对记忆效果也会产生一定的影响。所以，最好是能在一个空气清新、环境幽美的自然空间里背诵单词。这时候我们的大脑会处于一种比较冷静、清醒的状态中，注意力也会相对比较集中，记忆单词的效果自然会好很多。

需要说明的是，在记忆单词时我们必须先掌握单词的构成规律、构词模式以及大量的词素意义，然后再根据单词的不同类型选择适合的记忆方法进行记忆。下面，我们就简单介绍几种实用的记忆单词的方法：

1. 对称图像法

我们所生活的这个世界上很多东西都是对称的，对称是一种美，比如眼睛在鼻子两边，耳朵在头的两边。英语单词中有很多词也是对称的，我们可以将英语单词中某些对称的部分单独挑出来，将其作为一个整体进行理解、记忆。这样做可以让记忆变得更加直观生动、轻松有趣。请看下面的例子：

cabbage 大白菜 c ＋ abba（对称）+ge

tomato 西红柿 to ＋ ma ＋ to（两边的 to 相同，中间是 ma“马”）

museum 博物馆 mu ＋ se ＋ um（mu，um 相反；中间是 se）

2. 前缀记忆法

所谓前缀记忆法，简单来说，就是借助重要的外语构词词素，即词缀来记忆单词的方法。具体来说，就是将拥有相同前缀的单词编成一组，以同一前缀为主线将它们串联起来进行记忆。请看下面的例子：a 作为前缀置于名词、动词和形容词之前，构成副词，具有 in，on，at，to，by，of，with 之意。以下是以 a 为前缀的单词：

单词	意义
aloof	离开
atop	在顶端
aright	正确地
abreast	肩并肩地
aloud	高声地

3. 后缀记忆法

后缀是英语单词的一个重要组成部分，它不仅代表单词的词类和词性，而且不同的后缀还有着不同的词汇意义。请看下面的例子：

millionaire（百万富翁）的后缀是 -aire，它不仅表明这个词是名词，而且还表示它是表人的后缀。

suburban（郊区的）这个词的后缀是 -an，它不仅表示该词是形容词，而且具有“属于……的”“有…性质的”的意思。

由此我们可以得出这样的结论：根据构成单词的不同后缀的特点、规律及其词汇意义来记忆单词，可以有效地提高记忆单词的效率。

4. 分类记忆法

简单来说，就是将所要记忆的单词分成不同的类别进行记忆，比如学科、院校、专业、蔬菜、水果、运动项目、时间，等等。用这种方法去记忆单词有以下优点：

一是能够让我们把已经掌握的杂乱无章的单词变得分门别类、条理化。

二是被归为一类的单词的语法功能非常相似，结构也相近，所以方便我们从整体上进行记忆、掌握以及运用，而且还有助于我们对单词形成完整的类别概念。

三是方便进行比较，有利于掌握不同单词之间的异同点。

5. “记忆元”记忆法

这里所说的记忆元是指英语单词记忆的最基础的单位，它主要可以分为三类：一类是英语单词的前缀、后缀和词根；第二类是一些常见的字母组合；第三类叫作小词，这些词本身就是一个英语单词，主要包括两个字母和三个字母以及一部分三个字母以上的、再生能力比较强的单词。

使用记忆元记忆单词，就是在记忆元的基础上通过增加字母的方法将其拓展成别的词，然后进行记忆。所以一定要先熟记记忆元，因为记忆元的数量并不多，而且大多是由两三个字母组成的单词，所以记忆的难度并不是很大。

熟记了这些记忆元后，我们就可以将它们当作记忆单位进行整体记忆，这样做可以缩短所要记忆单词的长度，并大大减少学习单词的时间。我们可以通过下面的例子来了解记忆元记忆法：

记忆元：ear

拓展：year 年；bear 熊、忍受；early 早；earn 挣钱、获得；pear 梨；hear 听；heart 心；fear 害怕；dear 亲爱的、珍贵的；earth 世界、地球；near 在附近、靠近；tear 眼泪；clear 明白的；wear 穿着；blear 模糊的；learn 学

习；gear 齿轮；rear 饲养；sear 烧焦……

6. 分解单词法

在背单词时的，我们经常会遇到一些古怪的且不符合习惯的单词。这个时候，我们就可以将其分解成几个容易记忆的、更合乎习惯的部分进行记忆。请看下面的例子：

area（地区），可以将其分解成 are（是）和 a。

owe（欠债），可以将其分解成 o 和 we(我们)。

7. 对应记忆法

英语单词中有一些分别表示男性、女性又或是雄性、雌性等不同属性的同类名词，在记忆同一属性的单词时，如果我们能够联想起与之相对应的属性的单词，同样会取得不错的记忆效果。比如背诵 man（男人）一词时，可以同时联想与之相对应的同类女性名词 woman（女人），这样我们就可以同时记住两个词了。

8. 字母调换法

有时候我们可以用一些之前学过的旧单词去记忆新单词，字母调换法就是将某个单词的不同位置上的字母或是字母组合调换一下位置，让它变成一个容易记忆的常用单词。请看下面的表格：

调换前	调换后
melon 甜瓜	lemon 柠檬
tale 传说	late 晚，迟
peach 桃子	cheap 便宜
team 队	meat 肉
deal 处理	lead 带领
cheat 欺骗	teach 教

9. 同音异形记忆法

英语中有很多单词虽然外形不同，可是却有着相同的读音，我们可以将它们放在一起记忆，请看下面的例子：

farther 更远——father 父亲

son 儿子——sun 太阳

hear 听见——here 这儿

wear 穿戴——where 哪里

great 伟大的——grate 壁炉

如何记住数学定理、公式

【记忆故事】

周涛是某学校新来的数学老师，他来到学校后校长安排他先教三个班的数学，于是他就把全部的热情都投入到了教学中，每天除了上课，就是琢磨怎么提高学生的成绩。功夫不负有心人，经过一段时间的研究后他发现，要想提高学生的数学成绩，就必须想办法让他们记住并且要记牢那些公式、定理，而记忆公式、定理最简便的方法就是把它们编成口诀，这样学生记起来就方便多了。

想明白这件事后，他就开始根据教学实践中的经验编了一些与数学定理、公式有关的口诀，口诀编好后他在讲课的过程中把这些口诀教授给学生，要求他们熟记这些口诀，于是他教的三个班的学生在学习之余都背起了口诀。然后他发现学生们背了那些口诀后成绩都有了进步，于是他就更加坚信自己的方法是对的。所以他在自己动手编口诀的同时，还让学生们也试着将学到的定理、公式按照自己的喜好或者习惯编成口诀。到期中考试时，他教的三个班的学生的数学成绩普遍比别的班的学生高。

【记忆宝典】

现在很多人都学不好数学，遇到数学题就头疼，主要是因为他们记不住那些数学定理、公式，对这些概念性的东西理解得不透彻，这样一来当然不会做题。所以学习数学的首要任务就是要想办法记住那些公式、定理，那么我们怎样才能更好地记忆数学定理、公式呢？其实最简单有效的办法就是将这些定理和公式编成口诀进行记忆，这样记忆起来不但省时省力，而且记忆效果也很好。下面我们就来简单介绍一下与数学定理、公式有关的口诀，供大家参考：

1. 完全平方口诀

完全平方有三项，首尾符号是同乡。首平方、尾平方，首尾二倍放中央。首 ± 尾括号带平方，尾项符号随中央。

2. “代入”口诀

挖去字母换上数（式），数字、字母都保留。换上分数或负数，给它带上小括号，原括号内出（现）括号，逐级向下变括号（小—中—大）。

3. 恒等变换口诀

两个数字来相减，互换位置最常见。正负只看其指数，奇数变号偶不变。

4. 有理数加法运算口诀

同号相加一边倒，异号相加“大”减“小”，符号跟着大的跑，绝对值相等“零”最好。

5. 分式混合运算法则口诀

分式四则运算，顺序乘除加减。乘除同级运算，除法符号须变（乘）。乘法进行化简，因式分解在先。分子分母相约，然后再行运算。加减分母需同，分母化积关键。找出最简公分母，通分不是很难。变号必须两处，结果要求最简。

6. 判定平行四边形为菱形的口诀

任意一个四边形，四边相等成菱形。四边形的对角线，垂直互分是菱形。

已知平行四边形，邻边相等叫菱形。两对角线若垂直，顺理成章为菱形。

7. 去括号、添括号法则口诀

去括号、添括号，关键看符号。括号前面是正号，去、添括号不变号，括号前面是负号，去、添括号都变号。

8. 合并同类项法则

合并同类项，法则不能忘。只求系数代数和，字母、指数不变样。

9. 分解因式口诀

首先提取公因式，然后考虑用公式。十字相乘试一试，分组分得要合适。四种方法反复试，分解完成连乘式。

10. 添加辅助线口诀

辅助线，怎么添？找出规律是关键，题中若有角（平）分线，可向两边做垂线。线段垂直平分线，引向两端把线连，三角形边两中点，连接则成中位线。三角形中有中线，延长中线翻一番。

11. 一元一次方程解法口诀

已知未知要分离，分离方法就是移。加减移项要变号，乘除移了要颠倒。

对历史知识的记忆

【记忆故事】

吴庆的历史知识学得非常扎实，周围的人都羡慕他能记住那么多地名、人名，尤其是年代。而他之所以能记住这么多内容，是因为他在长期的学习过程中总结出了一套行之有效的记忆方法。

比如他在记忆外国历史人物时，就会使用谐音记忆法，这样可以让原来没有意义的音节变成有意义的名词或是词组，也就比较容易记了。而且在运用谐音记忆法时，他还会给有些人名设计一个雅号，并把这个雅号取得尽量顺口、生动。

他在记忆历史书上出现的地名时会随手拿着地图，一定要弄清某个地名的具体位置，还要记住它的具体方位。此外，他在记忆地名时还会看古今地名对照表，这样才不会把名字搞错。

在记忆历史年代时，他也会运用一些小窍门，比如他会按照年代的尾数记忆与这个尾数有关的重要年代。比如尾数为“9”的重要年代有 1689 年，这一年英国颁布了《权利法案》；1789 年，法国爆发了大革命；1919 年，中国发生了五四运动；1949 年，中华人民共和国成立；等等。

此外，他还会对同一年发生的大事进行归纳记忆。比如 1861 年，这一年中国发生了祺祥政变，俄国进行了农奴制改革，美国则爆发了南北战争。

【记忆宝典】

相信很多人在学习历史时都会觉得很痛苦，因为所需要记住的知识点实在是太多了，其中包括历史事件、时间、地点、人物，而且还需要记住事件发生的经过、结果以及意义等。这么多的内容如果死记硬背的话肯定容易忘，而且效率也不会高。下面我就为大家介绍一些高效简便的记忆历史知识的方法：

1. 理解记忆法

历史知识要想记得多，记得牢固，关键在于理解，只有真正被我们理解的知识，才不容易被忘记。所以，当我们学习一个历史事件时，必须弄清楚它讲的是什么，为什么会发生这样的事件，有什么影响、意义等，这样才能更好地记忆。

2. 歌诀记忆法

心理学实验证明，由 80 个词组成的歌诀，读上 8 遍后就能够背诵，而同样数量的意义不连贯的词，要读上 80 遍才能记住。这是因为歌诀是有韵律的，有韵律的东西比较容易被记住。根据这个原理，我们可以将一些历史知识编成歌诀来进行记忆，比如我们在记忆我国的历史朝代时就可以这样记：夏商周秦西东汉，三国两晋南北朝。隋唐以下有五代，宋元明清帝制消。

3. 图表记忆法

简单来说，图表记忆法就是把一些历史知识按照一定的逻辑顺序制成图表进行记忆的方法，这样做可以更直观、形象地将知识表现出来，记忆效果自然会好很多。请看下面的例子：

唐朝的三省六部制

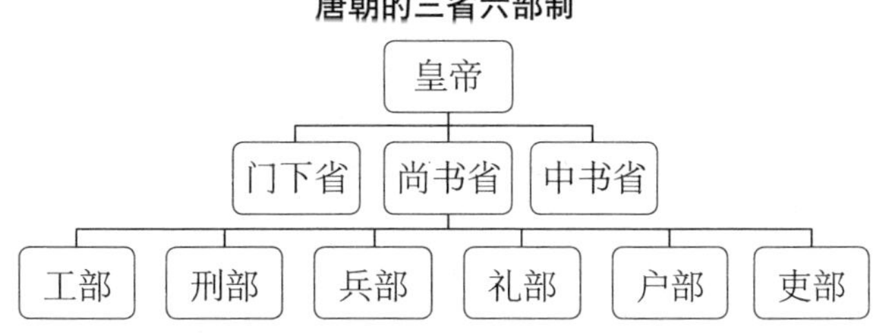

4. 浓缩记忆法

该方法是抓住所需要记忆的历史知识的主要内容，提炼关键字，将复杂、繁多的识记材料进行凝练、压缩以便记忆。比如我们在记忆中国近代史的相关内容时可以这样记：

一种性质（半殖民地半封建社会），两对矛盾（帝国主义和中华民族的矛盾、封建主义和人民大众的矛盾），三条线索（探索史、屈辱史、抗争史），四大阶级（资产阶级、无产阶级、地主阶级、农民阶级），五种思潮（社会主义、民主共和、封建专制、平均主义、君主立宪）。

5. 奇特联想法

联想得越是奇特、不可思议，记得也就越深刻，不过联想要根据自己的实际情况进行，不可以一味地去模仿别人。比如我们在记忆民主革命思想家陈天华的两部著作《猛回头》和《警世钟》时，就可以这样记：一个叫陈天华的人走路时猛地一回头，把警世钟给撞醒了。

6. 数字归纳记忆法

所谓数字归纳法，就是将所记忆的内容按照不同的属性进行归纳，然后再分门别类地记住这些内容及其属性的方法。比如我们在学习英、法、美早期资产阶级革命时，就可以用三个“3”来记忆：

3 个标志性事件：议会重新召开（英）、莱克星顿的枪声（美）、攻占巴士底狱（法）。

3 个中心人物：克伦威尔（英）、华盛顿（美）、罗伯斯庇尔（法）。

3 个重要文件：《权利法案》（英）、《独立宣言》（美）、《人权宣言》（法）。

7. 比较记忆法

具体来说，比较记忆法就是将两个及以上存在着一定联系的历史事件或是人物进行归类比较，找出它们的相同之处与不同之处的方法。具体的方法有以下几种：

一是将某些表现相似、可是性质不同的历史现象放在一起进行比较，分清它们不同的性质，形成不同的概念。

二是将一些性质相同、但发生在不同历史时期的历史事件进行综合比较，区分它们的相同点和不同点，比如我国古代发生过几次反对封建王朝的农民起义，如西汉末年的绿林、赤眉起义，东汉末年的黄巾起义，唐末的黄巢起义，明末的农民起义，等等。

三是将中国与外国的情况进行比较。比如世界上最先进入奴隶社会的几个国家之间的比较，中国古代某个时期的经济、科技发展与同时期西方的经济、科技发展的比较，等等。

8. 公式记忆法

在解答一些复杂的历史问题时，我们可以总结归纳出一些公式，然后按照这些公式进行记忆和解答。比如历史事件的意义＝作用＋特点＋影响；历史事件＝时间＋地点＋人物＋简单过程＋结果＋意义；人物＝姓名＋时代＋事迹＋影响。运用这样的方法，我们就可以将复杂的历史知识进行简化概括，从而形成网络记忆。

对地理知识的记忆

【记忆故事】

王广是某学校的地理老师，他讲课时从来都不准备教案，完全是凭借着自己的记忆讲，结果不但能对知识点进行准确清晰的介绍，而且还能够旁征博引，非常有趣，同学们都喜欢听他讲课。而他之所以能清楚地记得那么多繁杂的地理知识，并不是因为他有多聪明，而是因为他在平时不上课时，经常通过地图记忆那些要讲到的地理知识，经过这样勤奋的练习之后，他已经可以用很少的时间就能记住很多内容了。

那他是怎么通过地图记忆地理知识的呢？那是因为，除了经常看地图外，他还会亲自动手画地图。比如他看了几遍地图后，觉得自己记得差不多了，就会找一张白纸，在上面画出自己刚刚看到的地图。在选择地图时，他也是从简单的选起，等熟练之后再画难的。

在画交通地图时，他会先把重要的铁路干线画出来，然后把那些铁路枢纽给标上去，为了简便还会把曲线画成直线；此外，他还会用单色笔和多色彩笔去画，然后再和地图进行对照。在这样循序渐进地练习之下，他所记忆的地理知识就越来越丰富了。

【记忆宝典】

在学习地理知识的过程中，有大量的地理数据、地理现象、地理事物以及地理名称需要我们了解或是掌握，所以需要记忆的材料是非常繁杂的，为了尽可能地提高记忆效果，我们就必须掌握一些简单高效的记忆方法，下面就来介绍一些记忆地理知识的方法：

1. 比喻记忆法

简单来说，就是将所需要记忆的地理知识与我们所熟悉的相关知识联系起来以完成记忆，准确、科学的比喻记忆能够让那些抽象的内容变得具体化，让枯燥的内容变得有趣。比如在记忆太阳系九大行星中卫星数量最多的行星，也就是土星时，我们可以将其称为土豪或是土霸王；在记忆风带、气压带的季节移动时，可以将其比喻为燕子的季节性迁移。

2. 象形记忆法

就是将所要记忆的材料想象为某种具体的事物、汉字、数字、字母或是几何图形等，这样做可以增强记忆效果。请看下面的图表：

所记忆对象	所想象形象
葡萄牙	复活节岛上的石像
法国	六边形
波罗的海	英文字母 Y
伊朗	女孩的太阳帽
芬兰	跳舞的姑娘
阿拉伯半岛	蒙古靴
南美洲和非洲	鸡腿
印度	火炬蛋糕
哈萨克斯坦	乌龟

3. 联系记忆法

就是运用以点连线、以线拓面的方法进行联系记忆。比如当我们记忆我国西北五省的主要铁路交通情况时，就应该先以大家熟悉的西安为起点，向西沿着陇海线经过宝鸡，再向西偏北到兰州。然后再以兰州为起点，向西北沿着兰新线到乌鲁木齐；由兰州向东北，沿着包兰线经过银川到达包头；由兰州向西，沿着兰青线则可以到达西宁。然后再以西宁为点，继续向西就是青藏线的西宁到格尔木这一段。

4. 分类记忆法

就是根据地理事物的特征进行分类编组，以加深我们对所记忆对象的印象。比如在记忆东南亚地区的地理情况时，我们可以以岛屿的性质进行分类；再比如按照内陆国和临海国对那些与我国相邻的国家进行分类。这样做可以让我们对这些国家的地理位置进行高效记忆。此外，通过分类我们还可以结合其类别特征对所需要记忆的对象进行记忆，这样做还能结合一些旧知识，将知识点串联起来，这有利于我们形成网络记忆。

5. 字头记忆法

就是将一系列地理事物的头一个字串联起来进行记忆，比如在记忆九大行星距离太阳的远近时，可以这样记：水金地、火土木、天海冥。

6. 体势助记法

当我们在记忆一些比较特殊的地理事物与地理现象时，可以借助手势加深理解，比如我们在记忆气旋和反气旋时就可以用右手代表北半球，左手代表南半球，然后根据它们的运动方向转动身体。

7. 实践记忆法

我们所记忆的地理知识必须能够应用到实践中，才能算是有用的知识，同样我们也应该从实践中学习地理知识。比如我们在学习与“天气”相关的地理知识时，可以注意收听每天的天气预报，然后认真分析构成天气的因素。这些从现实生活中学到的知识会让我们记得更加牢固。

8. 理解记忆法

理解记忆法就是对所要记忆的材料进行充分消化吸收，在理解的基础上进行记忆的方法。比如我们在记忆地理规律时，首先要对所要识记的材料进行分析、综合，弄清楚其实质，找出地理事物的内在联系，并总结出规律。此外，我们还要将所学到的地理知识应用到现实生活中，在实际应用中加深理解。

9. 图片记忆法

地理图片可以将地理事物和地理现象直观形象地反映出来，还可以调动我们学习地理知识的积极性，并且能帮助我们培养、提高观察力。所以在记忆地理知识时，我们可以适当地多看一些与所记忆内容有关的图片，比如在记忆热带雨林自然带的相关知识时，就可以先看一些与热带雨林有关的景观图片。

10. 地图记忆法

绘制示意图、读地图、看地图是学习地理知识最基本的方法，而且该方法具有实用简便、容易学、速度快等特点。原则上来说我们在记忆地理知识时是不能离开地图的，因为它可以形象而直观地表示各种地理事物，将地理事物的距离、高低、大小、分布和形态等内容展示出来。而且通过看地图，我们还可以确定其总的地理方位、区域范围。

11. 对比记忆法

具体来说，对比记忆法就是将一些类似或相反的地理知识放在一起进行比较以帮助记忆的方法。比如为了对我国 960 万平方公里的国土面积有一个确切的、直观的了解，我们就可以这样记忆：我国的国土面积是英国的 38 倍，日本的 25 倍，仅次于俄罗斯和加拿大，是世界领土第三大的国家。

再比如在记忆年降水量时，我们可以将湿润地区、半湿润地区、半干旱地区、干旱地区的降水量放在一起进行对比记忆。其中湿润地区的年降水量在 800 毫米以上，半湿润地区的年降水量是 400 ～ 800 毫米，半干旱地区的年降水量是 200 ～ 400 毫米，干旱地区的年降水量是 200 毫米以下。

对方向和位置的记忆

【记忆故事】

冯祥是个典型的路痴，在陌生的地方时他根本就分不清东南西北，所以家里人从不让他一个人出去玩，就是担心他迷路回不了家。如果说他在陌生的地方分不清方向、记不住位置还可以理解，那他在自己经常去的、比较熟悉的地方也会迷路，就真的有点不可思议了。

今年上半年，他开始参加读书会，就是跟着大家一起读一些文学名著，而读书会是每周六下午在市里的图书馆举行，因此他每周六下午都要去一次图书馆。按理说那个图书馆他经常去肯定会认识路吧，可他每次去都会迷路，一出地铁后就不知道该怎么走了，就算是问路时对方清楚地告诉他该怎么走，他也会走错方向。

不过因为他每次都去得挺早的，所以即使迷路，他也没迟到过，因此他对于迷路这事也不是太在意。不过后来有一次他要主讲《卡拉马佐夫兄弟》，结果这次作为主讲人的他居然迟到了，虽然书友们并没有说什么，不过他自己是非常自责的，从那天起他就下定决心要改变自己经常迷路的毛病。

于是，他开始有意识地锻炼自己对方向和位置的记忆能力，比如他会把从出地铁到图书馆的道路画成地图，并在地图上把方向、比较重要的建筑物都给标出来，再去图书馆的时候他就拿着这张地图，照着地图走，果然没再迷路过；可是他并不满足，熟悉了一条固定的道路后，他又换了一条路走，还是采取同样的办法。

此外，他平时没事的时候还会在家附近的街道上随意走走，在走的过程中他会将这些街道的走向、街道两边的标志物、路口、重要的建筑物都默默地记下来，回到家后他会把自己记的这些东西画出来；而且他只要没事就会拿着城市地图看，他还会在地图上选定一条路线，把地图所显示的与这条路线有关的重要信息都记下来，然后就去沿着这条路线走，一边走一边与自己先前记忆的那些内容相互印证。通过坚持不懈的努力，他大大提高了对方向和位置的记忆能力。

【记忆宝典】

在现实生活中，那些方向感好的人能轻松地记住自己去过的地方以及它们之间的空间位置，他们的大脑就像是一幅地图，各种道路、路标都印在里面；而方向感不好的人不但在陌生的地方容易迷路，就连那些他们自己去过的地方，也很容易忘记该怎么走，有的人甚至在自己居住的地方也会迷路，因为他们没办法记住任何方向、位置或是空间关系，这些人就是我们平时所说的“路痴”。

方向感好的人与方向感差的人对方向和地点的记忆之所以会存在这么大的差别，主要是因为大家对方向的注意力和感兴趣程度不同，而要想让方向感差的人提高对方向和地点的记忆力，他们就必须做出以下努力：

首先，从现在开始，特别留意自己所走过的每一条街道、每一个地标，甚至是每一条道路拐弯的地方，还有道路两边的事物，此外，要认真研究自己所在地或是所到地的地图，直到对此产生浓厚的兴趣。

此外，在研究地图时，我们应该认真研究图中的地理方向、方位、距离、地形等方向的知识，为了增加我们的研究兴趣，在研究某一地方时，我们可以想象这个地方正放着一大笔钱等着我们去拿，这个时候我们就一定会有兴趣熟悉该地的地理方位与具体位置了。或者我们可以想象一下自己的恋人正在这个地方等着我们去找她/他，这时候我们就一定会对这个地方产生深厚的兴趣，只要我们能唤起自己足够的兴趣，那就一定能记住那些方向和位置。

其次，对研究地理方向和位置产生兴趣后，我们更要密切注意自己每天看到的地标和道路的走向，要注意街道沿途的事物，记住它们的大概方向以及相关位置，直到牢牢地把它们印在脑海里。

当回到家或是闲暇时，我们就可以在脑海中将自己走过的道路以及道路上的重要地标、相关事物都认真地回想一遍，看看自己能够记住多少；然后，我们还可以拿出一支铅笔和几张白纸，把自己经过的地方都画成地图，要在上面标出大致的方向，记清楚街道的名称与几处主要的标志性建筑。

刚开始我们在脑海中回忆那些自己走过的地方时，一定要先找到“北”的方向，画地图时也应该先找到“北”，然后以它为参照再标注别的位置和区域。此外，当我们出门散步时，可以选择走一些自己平时没有走过的路线，越曲折越好，这样做可以锻炼我们对方向和位置的记忆能力，但是我们要时刻关注自己行走的方向和过程，不要让自己迷路，这样当我们回到原处的时候，才能将这些走过的道路在脑海中准确地再现出来。如果我们手里有城市地图，还可以拿着自己画的地图与其进行对比，同时可以与脑海中生成的地图进行印证。

最后，如果我们能找到一个同伴，可以和他玩这样的方位游戏：我们可以和他一起沿着同样的道路前进，然后比赛谁记住的细节多。还有一种类似的方法是这样的，在一张城市地图上选择好一条路径，然后在大脑中设定具体的方向、街道的名字、拐角处、返回的路线等，把这些都设定好之后，自己不要拿地图，而是按照记在脑海中的路线走上一遍。

此外，通过地图确认过路线后，为了加深记忆，我们还可以将该路线小声地复述一遍，就好像是在自问自答一样。在行走的过程中我们还可以与身边的朋友讨论自己看到的风景，比如建筑物、花草树木等，这样做可以加深我们对道路的记忆。

对电话号码的记忆

【记忆故事】

陈鹏和褚华是好朋友，他们做的都是销售工作，只不过所涉及的范围不一样。陈鹏平时没事的时候就喜欢背诵一些电话号码，他觉得这样可以锻炼记忆力，记忆力好一点对工作也有帮助，而且他觉得现在的人太依赖手机了，很多重要客户的电话号码都记在手机上，万一哪一天倒霉，手机出问题了，自己又记不住那些号码，那肯定会影响工作，所以还是自己记住的好。

他不但自己主动记客户的电话号码，还把这事告诉褚华，想让他也记，这样就能有备无患了。可褚华觉得这样做根本就是在浪费时间，客户的电话号码完全不需要去记，就算是出现陈鹏所说的手机坏了的情况也不要紧，因为他平时都用两部手机，每个手机上都有一份客户的通讯录，就算是一部手机出问题了，还有一部手机能用，总不会两部手机同时都出问题吧，所以何必浪费时间去记电话号码呢？

结果没过几天，褚华就遇到了这样一件倒霉事：这天他要去外地办事，结果半路上随身带的两部手机都丢了，钱包也丢了，这下他可急坏了。好不容易借了一部手机想要给客户打电话说明情况，结果发现自己根本就不记得他的号码，只能白白地浪费了一天的时间，可就是这一天的时间让他失去了这个大客户。

这件事过后，褚华终于认识到了记忆电话号码的重要性，平时没事的时候就开始记客户的电话号码，而且还经常和陈鹏在一起研究记忆电话号码的简便方法。经过不断的努力，他能记住的电话号码的数量不断增加，而且除了记忆客户的电话号码外，他还记忆客户的相关资料，结果这些东西在实际工作中帮了他的大忙，让他拿下很多订单。

【记忆宝典】

在现实生活中，有很多人和褚华一样都觉得电话号码是不需要去专门进行记忆的，其实并不是这样的。如果我们能够记住常用的 20 个电话号码，那除了可以提高自己的工作效率，为我们节省大量的时间外，还可以提高自己的记忆能力，而记忆能力的提升对我们的工作与生活帮助更大。

那么，我们该怎样记忆电话号码才能获得较好的效果呢？其实，记忆电话号码最实用的方法就是“数字代码谐音记忆法”，除了使用该方法外，还要注意灵活运用多种技巧。

下面我们就来简单介绍一下怎样运用“数字代码谐音记忆法”来记忆电话号码。具体步骤如下：

1. 做好思想准备，要在心中大声地说：“我能记住很多电话号码。”然后再将这句话大声地说出来。

2. 进行分组记忆。由于短期记忆组块的限制，我们在记忆电话号码时要对其进行分组，比如 1332000306× 这个号码，我们就可以将其分为 133、2000、306×，分组之后一组一组地进行记忆，这样更容易记住。

还有一种情况是可以按照某种规律进行分组，比如 1390790033×，其中 139 是我们比较熟悉的数字组合，而 0790 又是某地区的区号，这样我们只需要记忆最后的 033× 就可以了。

3. 充分发挥自己的想象力，进行谐音代码代换，在进行代换时要注意以下原则：

（1）在对形似、音似等号码变换时要尽量选择图像代码。

（2）进行变换时，我们应该尽量想一些自己所熟悉的，且方便记忆的顺口溜，而且这个顺口溜越夸张、越离奇、越不可思议，记忆的效果就越好。这就是所谓的记忆语词。

比如010－6765845×这个电话号码的谐音代码就可以写成溜骑、溜五、怕死、无溜，然后编成顺口溜就是：他骑马溜了五次就怕得要死，所以就不（无）溜了。

第六章

提高记忆力的思维游戏

正确的图案

先仔细观察下面的图案，然后将其盖住，再继续练习。

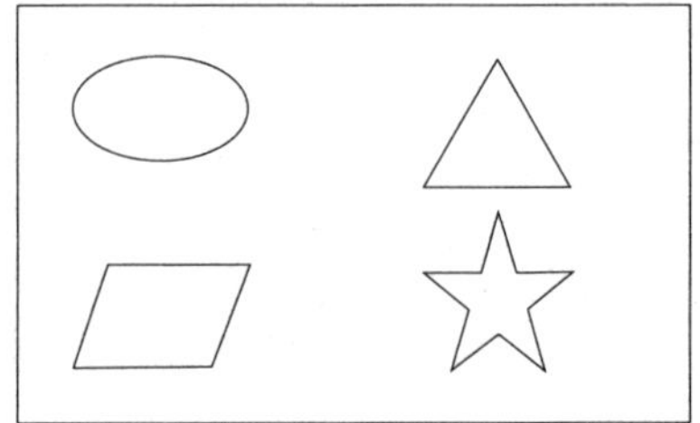

以下 4 个图案，哪个是你记住的呢？

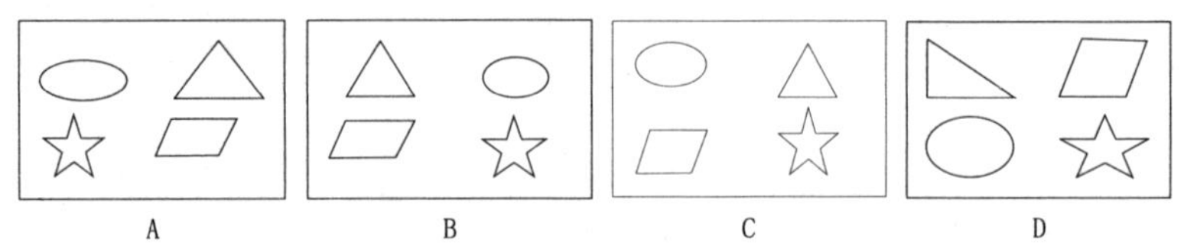

答案： C

把缺失的数字填进去

阅读下面的一段文字，记住其中的数字，然后盖住所记的段落，再继续练习。

自 2003 年以来，美国每年发现 2000 例军团菌病，而在 20 世纪 80 年代，每年只有 500 多例。这个增长的数值，自 1988 年起，需要义务申报军团菌病并记录在相关的登记簿上。

现在，填上缺失的数字。

自 ____ 年以来，美国每年发现 ____ 例军团菌病，而在 ____ 世纪 ____ 年代，每年只有 ____ 多例。这个增长的数值，自 ____ 年起，需要义务申报军团菌病并记录在相关的登记簿上。

答案：2003 2000 20 80 500 1988

看数字方格组合来猜字

在下面的数字方格中，每个数字代表一个文字，两个方格组合，便能够合成一个新的字。你能根据下面的提示来猜出每个数字表示的汉字吗？

1. 1 加 2 是日落的意思

2. 2 加 3 是日出的意思

3. 3 加 4 是欺辱的意思

4. 4 加 5 是瞄准出击的意思

5. 2 加 6 是光亮的意思

6. 6 加 7 是丰满的意思

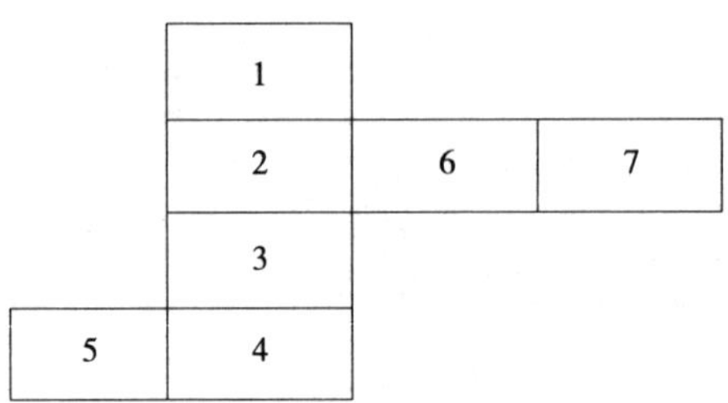

答案：

1 是失　2 是日　3 是辰　4 是寸　5 是身　6 是月　7 是巴

逻辑排序

请认真观察下面的数字：

12 8 10 3 5 22 28 1 1 14 7 ？

然后从下面的 6 个选项中，选出能够将上面的序列的数字继续接下去的数字。

12 20 15 9 8 4

答案：9。因为在上面那一行数字中，每 3 个数字加起来的和是 30，照这样推算下一个数字就是 9。

找出相关的人物

请认真阅读下面的文字材料，然后从备选答案中选出与文字材料所陈述的内容相关的人物。

1. 她是英国 19 世纪时的女文学家，因为出版幻想小说《弗兰肯斯泰因》而出名，她还是一位英国浪漫主义诗人的妻子。请问，她是谁?

A. 玛丽・雪莱　B. 简・奥斯丁　C. 艾米丽・勃朗特

2. 他是美国民主党人，1976 年时当选为美国总统，是《戴维营和平协议》的积极促成者，但是他在 1980 年的美国总统选举中败给了里根。请问，他是谁?

A. 吉米・卡特　B. 理查德・尼克松　C. 约翰・菲茨杰拉德・肯尼迪

答案：1.A　2.A

诗词填数

请准确地填出下面诗词选句中的第一个字：

（ ）紫千红总是春

（ ）里莺啼绿映红

（ ）亩庭中半是苔

（ ）万里风鹏正举

（ ）雏鸣凤乱啾啾

（ ）千里路云和月

（ ）百里驱十五日

（ ）月天兵征腐恶

（ ）月榴花照眼明

（ ）月清和雨乍晴

（ ）月残花落更开

（ ）月巴陵日日风

（ ）年好景君须记

答案：万、千、百、十、九、八、七、六、五、四、三、二、一

文学联想

万水千山、七律、11、火箭，请问与这四个提示有关的事件是什么，请用 2 个字进行描述。

答案：长征。长征是中国近代史上一次重要的战略转移，红军长征经过了万水千山，它同时也是毛泽东写的一首七律，而且红军长征经过了 11 个省市，同时“长征”号运载火箭将我国第一颗人造地球卫星送上了轨道。

疑惑的书童

从前有个秀才，有一天，他在家读书时，他的书童进来告诉他说有一位他的朋友前来拜访，秀才听了很高兴，马上出去迎接，并且吩咐书童去拿一样东西到后院。书童问他是什么东西，他说："这个东西，有面无口，有脚无手，又好吃肉，又好喝酒。"书童听了很疑惑，根本不知道秀才说的是什么。请问你知道秀才说的这个东西究竟是什么吗？

答案：酒桌

串门的老王

这天，老王到一个朋友家去串门，一进门他就对着朋友念了一首字谜诗："寺字门前一头牛，二人抬个哑木头。未曾进门先开口，闺宫女子紧盖头。"朋友听了他说的，想了一会儿就明白了他的意思，于是也说了个字谜诗进行回答："言对青山不是青，二人土上在谈心。三人骑头无角牛，草木丛中站一人。"

请问，他们两个人所说字谜诗的谜底分别是什么？

答案：老王所说的字谜诗的谜底是"特来问安"，而他的朋友所说的字谜诗的谜底是"请坐奉茶"。

成语的加法和减法

将下面的成语运用加法和减法使其变得完整。

一、成语加法

（ ）龙戏珠+（ ）鸣惊人=（ ）令五申

（ ）敲碎打+（ ）来二去=（ ）事无成

（ ）生有幸+（ ）呼百应=（ ）海升平

答案：二、一、三，零、一、一，三、一、四

二、成语减法

（ ）全十美−（ ）发千钧=（ ）霄云外

（ ）方呼应−（ ）网打尽=（ ）零八落

（ ）亲不认−（ ）无所知=（ ）花八门

答案：十、一、九，八、一、七，六、一、五

唐诗里的“山”和“东”

请在下列的表中填上相应的字，让它们变成正确的唐诗：

1. 带“山”字的唐诗

山						
	山					
		山				
			山			
				山		
					山	
						山

2. 带“东”字的唐诗

东						
	东					
		东				
			东			
				东		
					东	
						东

答案：

1. 带“山”字的唐诗

山光物态弄春晖 张旭《山行留客》

荆山已去华山来 韩愈《次潼关先寄张十二阁老使君》

峨眉山下水如油 薛涛《相思》

两岸青山相对出 李白《望天门山》

若非群玉山头见 李白《清平调词三首》

姑苏城外寒山寺 张继《枫桥夜泊》

轻舟已过万重山 李白《早发白帝城》

2. 带“东”的唐诗

东风不与周郎便 杜牧《赤壁》

瀼东瀼西一万家 杜甫《夔州歌》

碧水东流至此回 李白《望天门山》

澶漫山东一百州 杜甫《承闻河北诸道节度入朝欢喜口号》

平明日出东南地 李益《度破讷沙二首》

坑灰未冷山东乱 章碣《焚书坑》

射雕今欲过山东 吴融《金桥感事》

根据诗歌的意思组字

下面有禾、青、九、十这四个字，请你在中间的圆圈里填上一个字，让它分别与这四个字组成另外四个字，而且还要让拼成的字符合下面诗句的寓意。

禾穗杨花菊开月，青天无云不飞雪。

九九艳阳东升起，十足干劲迎晨曦。

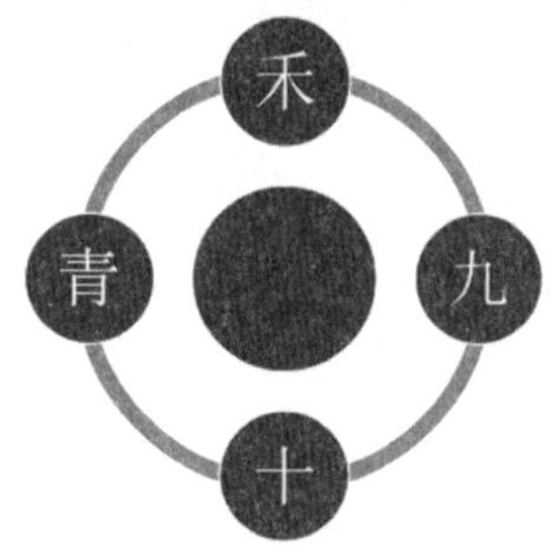

答案：填一个“日”字，组成香、晴、旭、早四个字。

多维提示

1. 请用 3 个字来描述与下列词语有关的事物：

广告、荧光粉、维多利亚女王、哨兵

答案：霓虹灯。霓虹灯被广泛应用于广告之中，在霓虹灯的玻璃管内壁上涂上覆光粉，就可以将荧光粉的成分改变了，这样就可以使它辐射出不同颜色的光；1879 年在维多利亚女王 60 岁的庆典上，霓虹灯第一次被使用；此外《霓虹灯下的哨兵》还是我国的一部优秀电影。

2. 根据提示，想一想与提示有关的概念或事物是什么？

提示：公鸡、帚、竹棍、灰尘

答案：鸡毛掸。因为公鸡的毛可以用来做鸡毛掸，而鸡毛掸在有些地方被称为鸡毛帚；鸡毛掸是将鸡毛扎在竹棍的一端上制成的，用来扫灰尘的物品。

树为什么不能砍

从前有个聪明的孩子，这天父亲带他到一个朋友家去做客。父亲带着他来到朋友家门前时，一连敲了几下门都没人出来，于是这个孩子就隔着门缝往里看，发现父亲的朋友正拿着斧子打算砍院子里的树。这时孩子大喊了几声，父亲的朋友才听到，于是过来给他们打开门，请他们走进家里。

这时孩子就问："叔叔，这树长得这么好，为什么要砍了它啊？"父亲的朋友回答说："这四方的院子像个口字，而这树就是木，这加起来就是困，太不吉利了，所以要砍了它。"

孩子听了后觉得挺好笑的，为了保住这棵树，他就想了个主意。他说："叔叔，其实这树砍了之后更加不吉利，所以你还是别砍了。"父亲的朋友就问他为什么？于是孩子说了一句话，结果父亲的朋友果然没有砍那棵树了。

请问，孩子说了一句什么话？

答案：要是砍了树，那院子里就只剩下人，那不就变成"囚"字了吗？这样更不吉利。

数字里的成语

下面的数字或是数式里都隐藏着一个成语，你知道是什么吗？

3.5；2 ＋ 3；333 和 555；9 寸＋ 1 寸＝ 1 尺；1256789；12345609。

答案：

3.5——不三不四

2 ＋ 3——接二连三

333 和 555——三五成群

9 寸＋ 1 寸＝ 1 尺——得寸进尺

1256789——丢三落四

12345609——七零八落

成语之最

请根据框中的文字提示，快速写出这一系列的“最”相对应的成语。

最长的一天	最大的差别	最大的变化
最尖的针	最快的速度	最难做的饭
最重的话	最高的人	最宝贵的话

答案：

最长的一天——度日如年　最大的差别——天壤之别

最大的变化——天翻地覆　最尖的针——无孔不入

最快的速度——风驰电掣　最难做的饭——无米之炊

最重的话——一言九鼎　最高的人——顶天立地

最宝贵的话——金玉良言

第七章

记忆力训练与测试

提高记忆力训练 1

1. 准备一张白纸，用 6 分钟的时间写完 1 ~ 300 这一系列数字

具体测试要求：

（1）所写的字要能够看清楚，不能够太过潦草。

（2）写错了不能修改，也不能做标记，要接着写下去。

（3）到规定时间后，如果还没写完，也必须停笔，不能再写。

训练结果分析：

第一次训练时在 100 之前出现差错，那就说明注意力比较差；在 101 ~ 180 之间出现差错，则说明注意力处于一般水平；在 181 ~ 240 之间出现差错，则说明注意力较好；超过 240 出现差错或是一点差错也没有，则说明注意力处于优秀水平。

此外，写错的数字如果在 7 个以上则注意力较差，错 4 ~ 7 个则注意力为一般水平，错 2 ~ 3 个为较好，只错 1 个为优秀水平。如果在 100 之前就出现了差错，但是全部写下来只错了一两个数字，这样的注意力仍然算比较好的。如果在 180 之后才出现差错，但是错的比较多，就说明其容易集中注意力，可是保持的时间不长。在规定的时间里没有写完全部数字的人，则说明其反应速度比较慢。

2. 找特征

观察数列“49、15、20、26、31、37、42”，其中包含了一个有趣的特

征，可以让你迅速地记住它们，你能找出这个特征吗?

参考答案：将第一组数字 49 分成 4 和 9，这样这个数列就变成 8 组数，第一组的 4 加上 5，就是第二组的 9，第二组的 9 加上 6 就是第三组的 15，而第三组的 15 加上 5 就是第四组的 20，第四组的 20 再加上 6 就是第五组的 26。就这样以此类推，加上一次 5 后，下一组就加 6，这样很容易就把这个数列的数字给记住了。

3. 倒数

从 300 开始倒数，每次都要递减 3，比如说 300、297、294、291、288、285、282、279、276、273、270 等，一直倒数到 0，记下倒数完所需要的时间。

训练要求：要求读出声，如果读错就再读一遍，比如将 291 读成 292 时，就要重读 291。此外，开始训练前要先仔细想一想这里面有没有什么规律可循，比如每数 10 次就会在个位数上出现一个“0”。

训练结果分析：

如果能在两分钟内读完则为优秀；两分半内读完则为较好；3 分钟内读完为一般水平；超过 3 分钟则为较差。

4. 回忆训练

仔细回忆一下自己印象最清楚的 10 件事，并且还要想想这些事里面自己喜欢做的事情是否在 5 件以上?

5. 联想记忆训练

例一：

王老师的《英汉大辞典》被陈老师给借走了，好长时间都没有归还。这天王老师要查一个英文单词，要用到这个辞典，但是陈老师住的地方离他又比较远，所以没办法马上把辞典取回来。后来他们两个虽然见了几次面，可是王老师都想不起找陈老师要书的事，就这样王老师到现在还是没能把辞典要回来。

现在的问题是，王老师该如何使用“奇特联想法”让他以后一见到陈老师就能想起辞典的事呢？

参考答案：

王老师可以先这样联想一下：先想象陈老师的容貌，然后在脑海中想象出陈老师头顶上顶着那本《英汉大辞典》的形象。这本大辞典非常大、也非常重，比陈老师要大好几倍，所以陈老师顶着它非常吃力，不但累得全身是汗，而且双腿发抖。

例二：

第二天你有 5 件必须记住而且必须要做的事，这 5 件事分别是：

（1）买电视机

（2）打字

（3）买一套西装

（4）与客户见面

（5）买邮票

那么，你该如何运用联想记忆法将这 5 件事牢牢地记住呢？

参考方法：

你可以把这 5 件事按照以下的顺序和内容来记忆：

（1）电视机与打字——我在电视机上连接了一台打字机的键盘

（2）打字与西装——我拿用来打字的纸做了一套西装

（3）西装和客户——我穿着用纸做的西装与客户见面

（4）客户与邮票——客户是卖邮票的，在我和客户聊天时他向我推销邮票

6. 观察数字的内在联系

要求在一分钟时间内记住下面这一组数字，只要全部记住就行，顺序可以改变。

14、39、32、76、59、24、62、86、92、49、34、96

参考方法：

要想在规定时间内记住这一组数字，就需要对其进行分类，这组数字可以分为四类：

（1）十位数分别是 3、6、9，个位数都是 2 的数字，即 32、62、92

（2）十位数分别是 1、2、3，个位数都是 4 的数字，即 14、24、34

（3）十位数分别是 7、8、9，个位数都是 6 的数字，即 76、86、96

（4）十位数分别是 3、4、5，个位数都是 9 的数字，即 39、49、59

7. 阅读应用

请认真阅读下面这段文章，然会将它盖起来，并根据记忆回答下面的问题。

在暑假期间，王磊报名参加了一个话剧培训班，一开始他是想通过这样的方式多和人交流，可是很快他就被话剧的魅力给征服了。在老师的鼓励下，他第一次参演了由莎士比亚的作品《哈姆雷特》改编的话剧。

问题：

1. 王磊在什么时候参加的话剧培训班？

2. 一开始他是抱着什么目的报的名？

3. 他参演的话剧是由什么改编的？

提高记忆力训练 2

1. 宫殿记忆训练

如何使用宫殿记忆法记住要去超市买的四样东西：毛巾、挂面、奶粉、牙膏?

参考答案：

首先要将自己最熟悉的家作为记忆宫殿，然后找一些特征物，如床、床头柜上的手机、地板上的拖鞋、书桌上摊开的书。因为要买四件商品，在宫殿里找到四个特征物就可以了。

接下来要设置一条特定的路线，比如：早上在床上睁开双眼，然后去找放在床头柜上的手机，看了一眼后就穿上放在地板上的拖鞋，往卫生间走的时候回头看了一眼书桌上的书。

然后我们就要把自己去超市要买的这四样东西分别放置在这四个特征物上，并且想办法把它们联系在一起，比如可以是这样的：早上睁开眼看到毛巾掉到了床上，把毛巾拿起来后就去找放在床头柜上的手机，结果发现手机旁边放着一把挂面，就在我们一边穿拖鞋一边想挂面怎么会放在床头柜上时，却发现地板上洒的都是奶粉，这下我们更奇怪了，可是来不及细想，因为我们着急上卫生间，就在往卫生间走的时候我们一回头，看到牙膏和书放在一起。

2. 口诀记忆法训练

（1）用口诀记忆法记忆实数的绝对值。

参考答案："正"本身，"负"相反，"0"为圈。

（2）用口诀记忆法记忆中国历史朝代。

参考答案：

夏商和西周，东周分两段。春秋和战国，一统秦两汉。

三分魏蜀吴，两晋前后延。南北朝并立，隋唐五代传。

宋元明清后，王朝至此完。

3. 谐音记忆训练

（1）请试着用谐音记忆法记忆以下数字

1.141421，1.73205，2.44949，2.82942

参考答案：

1.141421 可以记成"一点意思意思而已"。

1.73205 可以记成"一妻三儿领舞"。

2.44949 可以记成"儿视四舅试酒"。

2.82942 可以记成"儿把二舅视儿"。

（2）试着用谐音记忆法记车牌号 40228

参考方法：

车牌号 40228 可以记成"四个汽车轮子两个两个地爬"。

4. 概括记忆训练

请试着运用概括记忆法对商鞅第一次变法的主要内容进行记忆：

（1）颁布施行李悝制定的《法经》，增加连坐法，轻罪用重刑。

（2）将旧的世卿世禄制废除掉，禁止私斗，奖励军功，并颁布按照军功赏赐的二十等爵制度。

（3）奖励耕织，重农抑商，对垦荒更是特别奖励。此外还规定，多生产粮食和布帛的，可以免除本人的劳役与赋税。重征商税，并限制商人的经营范围。

（4）焚烧儒家经典，禁止游宦之民。

（5）强制性推行个体小家庭制度。

参考方法：

可以将这些内容概括为“颁《法经》、重军功、奖耕织、烧经典、小家庭”来记忆。

5. 间隔记忆训练

（1）下面是一串长达 40 个字符的数字与字母的组合，请试着第一天看一遍，第二天看两遍，第三天看三遍，看看第几天可以全部记住。

CA7P9Q3VOWD84E2M5I7LA8C4F29G7BF6A5OlX1Z1

（2）将下面的词汇快速地看上一遍，然后去干其他事，大概 10 分钟之后再来检验一下自己还记住多少。

宝剑、丘比特、女王、佛祖

航空母舰、鲸鱼、话剧、阿拉伯

蓝田、救生员、汗水

DU、水母、1936、小布什

6. 形象记忆训练

请试着运用形象记忆法记忆下面这些词语：

风筝、铅笔、汽车、电饭锅、蜡烛、果酱

参考方法：

可以试着这样记忆：一个人在放风筝，风筝在天上飞，这时候突然有人向天上扔了一支大铅笔，把风筝戳出了一个大洞；然后风筝和铅笔都掉了下来，砸坏了一辆汽车；这时候居然有个人把汽车放到了一个巨大的电饭锅里，之后汽车融化了，并凝结成了一根蜡烛；这时候更不可思议的事发生了，有个怪人往蜡烛上涂了果酱，接着居然把蜡烛吃了。

7. 链接记忆训练

请试着用链接记忆法记忆下面这 10 个词：

绳子、钥匙、胶水、图画、灯泡、饼干、录音机、相册、鲸鱼、文件夹。

提高记忆力训练 3

1. 请记忆下面这 20 个数字，要连同顺序号一起记忆，记忆时间为 40 秒，随后马上按照顺序默写这些数字。

（1）34	（2）75	（3）21	（4）13	（5）18
（6）27	（7）51	（8）44	（9）69	（10）8
（11）32	（12）81	（13）68	（14）56	（15）74
（16）6	（17）78	（18）16	（19）83	（20）73

（1）34　（2）75　（3）21　（4）13　（5）18

（6）27　（7）51　（8）44　（9）69　（10）8

（11）32　（12）81　（13）68　（14）56　（15）74

（16）6　（17）78　（18）16　（19）83　（20）73

训练结果分析：

如果只有 4 个以下的数字记错，那就说明你的记忆能力是很好的；如果有 5 ~ 10 个数字记错，那就说明你的记忆力处于正常水平；如果你记错了 11 个以上的数字，那就说明你的记忆力偏低。

2. 用 8 分钟的时间记忆下面 20 张扑克牌的点数，还要记住它们的顺序，也就是说你只记住了方块 5 还不行，还要记住它排列在第几位。

1. 方块 Q	2. 黑桃 J	3. 红桃 J	4. 黑桃 7	5. 方块 5
6. 方块 9	7. 梅花 8	8. 梅花 2	9. 红桃 4	10. 红桃 K
11. 梅花 9	12. 黑桃 2	13. 方块 4	14. 黑桃 A	15. 梅花 K

16. 黑桃 Q	17. 方块 2	18. 梅花 3	19. 红桃 6	20. 梅花 J

1. 方块 Q　2. 黑桃 J　3. 红桃 J　4. 黑桃 7　5. 方块 5

6. 方块 9　7. 梅花 8　8. 梅花 2　9. 红桃 4　10. 红桃 K

11. 梅花 9　12. 黑桃 2　13. 方块 4　14. 黑桃 A　15. 梅花 K

16. 黑桃 Q　17. 方块 2　18. 梅花 3　19. 红桃 6　20. 梅花 J

3. 用 2 分钟时间记住下面 20 种物品的名字，并且还要记住它们的序号，然后在一张纸上将这些物品的名称按照顺序默写出来，看看你能记住多少。

1. 衬衣	2. 皮带	3. 眼镜	4. 运动鞋	5. 画布
6. 苹果	7. 皮靴	8. 领带	9. 牙膏	10. 挂历
11. 海报	12. 黄瓜	13. 橘子	14. 图书	15. 钢笔
16. 玩偶	17. 游戏机	18. 汽车	19. 水杯	20. 椅子

1. 衬衣　2. 皮带　3. 眼镜　4. 运动鞋　5. 画布

6. 苹果　7. 皮靴　8. 领带　9. 牙膏　10. 挂历

11. 海报　12. 黄瓜　13. 橘子　14. 图书　15. 钢笔

16. 玩偶　17. 游戏机　18. 汽车　19. 水杯　20. 椅子

4. 用 5 分钟时间去记忆下列 20 件商品及其价格，然后用一张纸将价格盖住，再在另一张纸上将商品的价格默写出来，看看自己能记住几件商品的价格。

商品	价格
沙发	2100 元
小台灯	68 元
日记本	18 元
酸奶（一箱）	39 元
水果	7 元
手表	540 元

电脑	6400 元
手套	64 元
冰箱	3600 元
图书	52 元
围巾	68 元
洗衣机	1400 元
帽子	129 元
衬衣	218 元
窗帘	184 元
蛋糕	79 元
登山杖	89 元
皮鞋	270 元
钢笔	180 元
运动衣	90 元

5. 下面的每列数字需要各用 20 秒的时间进行记忆，然后开始默写，默写时要按照序号从下往上写。需要注意的是，在记忆数字时是从左到右记忆，但是在默写时必须从右往左写。

（1）5、9、7	（6）8、6、3
（2）1、2、10、4	（7）3、0、66、5
（3）0、9、4、3、6	（8）4、9、3、0、7
（4）8、19、9、5、8、3	（9）7、9、5、4、3、6
（5）6、4、9、3、7、8、10	（10）2、6、7、0、1、6、8

6. 阅读应用一

请认真阅读下面这段文章，然后将它盖起来，并根据记忆来回答下面的问题。

去年五月份，王涛和老婆去埃及度蜜月，他们在那里花了一周的时间乘坐一艘四层高的豪华大客轮，沿着尼罗河将埃及游览了一圈。国王河谷给他们留下了特别深刻的印象，而且那里还有法老墓。不过美中不足的是，埃及真的很热，王涛的老婆有些难以忍受。

问题：

（1）王涛和老婆对哪里留下了特别的印象？

（2）王涛和老婆是什么时候去的埃及？

（3）他们所乘坐的大客轮有几层？

（4）他们花了多少时间游览了整个埃及？

7. 阅读应用二

请认真阅读下面这段文章，然后将它盖起来，并根据记忆回答下面的问题。

一场激烈的网球比赛正在进行，从两个球员的脸上我们可以看出他们已经累得筋疲力尽了，而现场的观众也都非常紧张。这时，陈亚发起了最后一次进攻，结果他得到了决定胜利的 1 分，终于拿下这场比赛取得了胜利。获胜之后的他非常激动、非常自豪地举起了球拍，然后在观众的掌声中将球拍扔到地上，自己趴下来亲吻球场。

问题：

（1）两个球员在进行什么比赛？

（2）从他们的脸上可以看出什么？

（3）谁是这场比赛的胜利者？

（4）胜利者在胜利后做了什么举动？

8. 阅读应用三

请认真阅读下面这段文章，然后将它盖起来，并根据记忆回答下面的问题。

画家让一个年轻的姑娘坐在一张深蓝色的沙发上，姑娘身上穿的是一件纱质长裙，她那一头乌黑的卷发散落在披肩上，与披肩上的那几颗珍珠形成了鲜明的对比。画家给了姑娘一本书，让她把书打开放在膝盖上。然后画家开始在画布上画她的轮廓，姑娘为了不打断画家的工作，所以不敢乱动。

问题：

（1）画家让年轻姑娘坐在什么上面?

（2）姑娘的裙子是用什么材料做的?

（3）姑娘的披肩上有什么东西?

（4）画家给了姑娘什么东西?

（5）姑娘因为什么原因不敢动?

想象力训练 1

我们的记忆力与想象力之间具有非常大的关联性，甚至可以说回忆就是一种想象，想象力的好坏直接决定了我们记忆力的好坏。所以要想提高记忆力，就必须经常进行想象力训练。下面，我们就来简单了解一些训练想象力的方法：

1. 在脑海里想象一朵玫瑰花的形象，还要想象它的芳香。想象着自己正坐在一座开满玫瑰花的山坡上，山上飘着浓浓的玫瑰花的香味。想象一下那花香会对自己产生什么影响，在这样的情况下自己会做些什么。然后再次发挥想象力，继续想象一下山上还有小鸟歌唱、蝴蝶纷飞的场景。

这样的训练应该在一间安静的房间里进行，而且一定要调动意志力管住自己的大脑，集中精力进行这样的想象。想象时要尽可能做到清晰真切，直到我们所想象的画面在脑海中清晰地浮现出来，就像是真实地呈现在自己的眼前一样。

2. 认真观看下面这个图形，看看它像什么？你说出来的东西越多，说明你的想象力就越丰富。

3. 用 14 根火柴摆成两个倒扣着的杯子，只要动 5 根火柴，就可以让杯子的口倒过来，你觉得应该怎么移动？可以动手试试。

4. 从剧本或是诗歌中选出一段文字或是几段文字，比如《罗密欧与朱丽叶》中茂秋西奥的这段台词：

她是精灵们的稳婆；她的身体只有郡吏手指上一颗玛瑙那么大；几匹蚂蚁大小的细马替她拖着车子，越过酣睡的人们的鼻梁，她的车辐是用蜘蛛的长脚做成的；车篷是蚱蜢的翅膀；挽索是小蜘蛛丝，颈带如水的月光；马鞭是蟋蟀的骨头；缰绳是天际的游丝。替她驾车的是一只小小的灰色的蚊虫，它的大小还不及从一个贪懒丫头的指尖上挑出来的懒虫的一半。她的车子是野蚕用一个榛子的空壳替她造成，它们自古以来，就是精灵们的车匠。

她每夜驱着这样的车子，穿过情人们的脑海，他们就会在梦里谈情说爱；经过官员们的膝上，他们就会在梦里打躬作揖；经过律师们的手指，他们就会在梦里伸手讨诉讼费；经过娘儿们的嘴唇，她们就会在梦里跟人家接吻，可是因为春梦婆讨厌她们嘴里吐出来的糖果的气息，往往罚她们满嘴长着水泡。

有时奔驰过廷臣的鼻子，他就会在梦里寻找好差事；有时她从捐献给教会的猪身上拔下它的尾巴来，撩拨着一个牧师的鼻孔，他就会梦见自己又领到一份俸禄；有时她绕过一个兵士的颈项，他就会梦见自己在杀敌人的头，进攻、埋伏、锐利的剑锋、淋漓的痛饮——忽然被耳边的鼓声惊醒，咒骂了几句，又翻了个身睡去了。

记得差不多之后要把书放到一边，或是找东西盖住这段文字，然后尽量想象自己所读的这段内容。要努力将它们变成生动的形象，做到闭上眼睛后这些内容就像电影画面一样在自己的眼前呈现，直到脑海中的形象就好像自己亲眼所见一样。

5. 请用 3 分钟时间记忆下面 15 组词，要用想象的方法将它们联系在一起进行记忆。

月亮——猴子	鸡蛋——白菜	玻璃——扫帚	香肠——轮胎	马车——牧羊犬
长江——苹果	馒头——矿泉水	花盆——楼梯	汽车——大河	火车——高山
黄河——牡丹	太阳——西红柿	钢笔——鸡毛	书包——方便面	老鹰——机场

6. 拼图想象

材料：两个三角形，大小都可以；两条线段，长短都可以；两个圆或是椭圆，大小都可以。

要求：用上面所给出的图形拼成一幅图，还要简单说一说它所表示的含义，并给这幅图起个名字。

参考方法：

可以用两个三角形表示两座重叠的山峰，用一个椭圆表示山下的一个湖泊，两条线是湖里的水，再用一个圆表示太阳：这幅画的名字是青山绿水。画中的美景可以陶冶人的情操，带给人美的享受，所以希望人类能好好守护这美景。

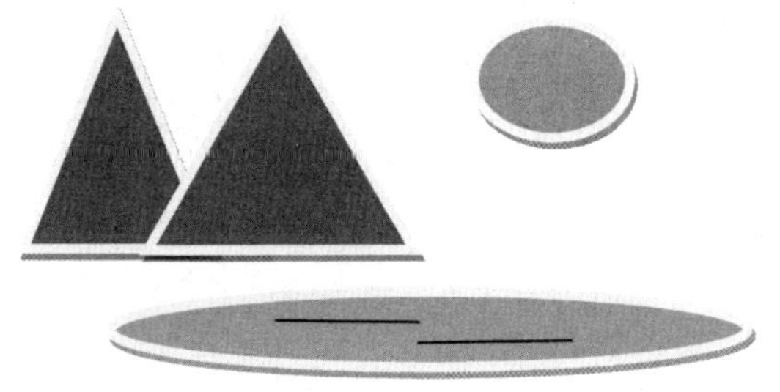

7. 站在一条小溪或是瀑布旁边，认真听一下传到耳朵中的声音，各种声音混合在一起后将是一种怎样的声音？这个声音能让你想起什么？它们能让你产生怎样的情绪？当你对这个声音的整体效果逐渐适应之后，请试着辨别一下这个声音是由哪些声音混合而成的。认真地完成这个过程后，再想象其中一种声音是非常嘹亮、清晰的，要让这个声音尽可能地响亮一些；然后再继续想象另外一种声音，还是用同样的方法，直到所有的声音都被想象一遍。最后，离开这个有声音的地方，来到一个安静的地方，回想自己刚才听到的那些声音——首先回想的是所有声音的组合，然后再回想刚才分析过的每一种声音，不断地进行练习，直到自己能够随意地将这些声音轻松地想象出来。

想象力训练 2

1. 假如我们的手上有一个小球，想象一下你能用它做什么？想出来的用途越多越好。

2. 要想知道一个物体的重量，你可以举出多少种方法来？所列举的方法越多越好。

3. 成语归类、接龙，写得越多越好

（1）“春”字开头的成语归类

（2）“马”字开头的成语归类

（3）“张”字开头的成语归类

（4）“春风化雨”的成语接龙

（5）“马到成功”的成语接龙

（6）“张冠李戴”的成语接龙

4. 仿句训练

请仿照所给出的句子，按照一定的内容、形式或是语气等要求仿写造句。

（1）依照朱自清的《春》的最后三个比喻句，仿写一个关于春天的比喻句。

春天像刚落地的娃娃，从头到脚都是新的，它生长着。

春天像小姑娘，花枝招展的，笑着，走着。

春天像健壮的青年，有铁一般的胳膊和腰脚，领着我们上前去。

（2）参照《从百草园到三味书屋》中的这段话仿写一个句子。

不必说碧绿的菜畦，光滑的石井栏，高大的皂荚树，紫红的桑椹；也不必说鸣蝉在树叶里长吟，肥胖的黄蜂伏在菜花上，轻捷的叫天子忽然从草间直窜向云霄里去了。单是周围的短短的泥墙根一带，就有无限趣味。

（3）仿写刘禹锡的《陋室铭》。

5. 补充对话训练

甲：“读书使人拓宽视野，丰富知识，增长才干；净化心灵，陶冶情操，充实精神世界。”

乙：“不读书……”

请帮助乙将对话补充完整，要求不能违背甲的意思，还要做到对仗工整。

6. 不相关事物联想

请试着运用恰当的修辞方法对笛声、树影、月亮三个词进行联想，将它们扩展为一段话。

7. 根据记忆回想一个遥远却又真实的风景，虽然有些细节不容易想起来，但是细节一定要有。只要不断地进行回忆，你就一定能想象出那个画面来。还有，一定要让自己想象中的那个地方就像是真的一样，清楚地在脑海中呈现出来。在这个过程中，我们需要不断地对自己最开始想象的风景进行调整，让这片风景能够越来越清楚地展现在我们的眼前。

8. 待在一个安静的房间里面，在脑海中虚构出一幅画面，例如一些自己从来没有见过的鸟，一栋高大的建筑物，一片美丽的风景，等等。需要注意的是，在想象的过程中不要让自己陷入想入非非的状态，要尽可能地用意志力控制大脑的思维方向。

9. 认真地盯着一个比较大的东西，看看它会不会触发自己某个方面的想象。比如如果你看的东西是一匹马，那就让它生出翅膀，飞到别的星球上去。按照这样的方式对不同的东西展开千奇百怪的想象。

10. 回想一段在自己的记忆深处留下深刻印象的经历，现在要再次在脑海中重新经历当时的每个阶段以及整个过程，要一点一点地进行回忆，并且要带着专注而强烈的感情。回想一下这件事的起因与细枝末节之间的关联以及当时对你所造成的影响；回想一下你当时具体是什么感受，还要说清楚其中的原因；此外，想清楚它对你今后的生活造成了怎样的影响，如果让你再次去做同样的事情，你会怎么做？如果你想要将来避免同样的事情，你又该怎么做？

11. 模仿想象练习

（1）模仿一种动物。

（2）模仿一种植物，树木、花草都可以。

（3）扮演一尊塑像。

12. 讲故事练习

（1）集体讲故事，一个人先讲一个开头，讲到紧要的地方再让另一个人按照自己的思路讲下去，当再次讲到一个重要情节时，再由另一个人接着讲。

（2）讲一讲自己真实的见闻，或是从书籍、电影里看到的故事，在讲述时可以进行合理的想象。

（3）讲一个离奇的故事，一个人或是几个人讲都可以，要求故事不能一般化，要做到随心所欲，花样百出，不一定要有逻辑性。

观察力训练

1. 观察图片画画

请随意在一本书或是杂志里找一幅图，看上几分钟的时间，要尽可能地多观察一些细节，然后把书或杂志合上，凭着记忆将那幅图画出来。

2. 观察下面的图片，从“人”中找出“入”

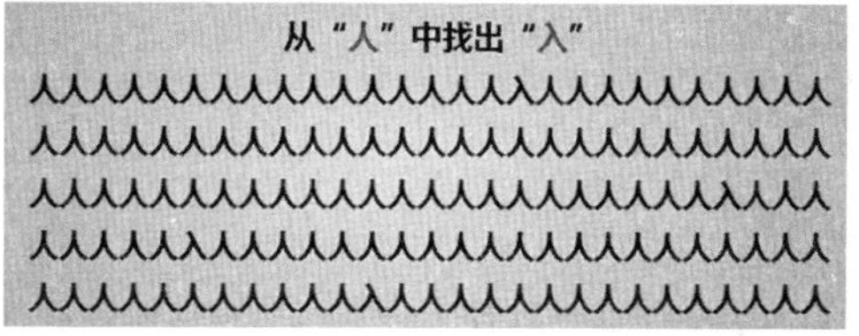

3. 观察下面的图片，从“土”中找出“士”

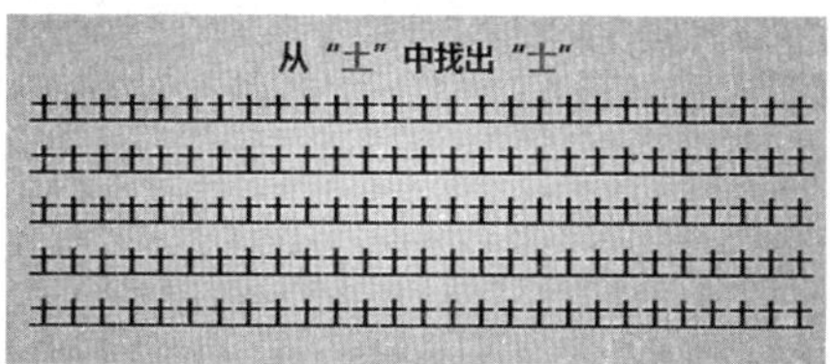

4. 分辨声音训练

当你坐在办公室或是家里的时候，会听到各种各样的小声音，其中有很多声音都是你熟悉的；但是如果要将一种声音与另外一种声音区别开来，却不是一件容易的事。如果你之前不曾做过这样的练习的话，可以试着对这些声音进行辨别：

5. 历时 10 天的观察

睁大眼睛，让眼睛处于舒服的程度就可以，集中注意力正视前方，观察自己所能够看到的所有物体，眼珠不能有一点转动。坚持 10 秒之后，回想自己所看到的东西，凭着记忆将所能想起来的事物的名字写下来。就这样重复 10 天，每天都要变换观察的位置和视野，在第 10 天时看看自己能有多大的进步。

6. 边走边看

以中等速度穿过自己所在的房间，或是绕着房间走上一圈，迅速地观察尽可能多的物体。然后开始回想，将自己所看到的东西尽可能详细地说出来，最好是能写下来，最后再进行对照。

7. 快速记车牌

当你在大街上看到一辆汽车时，要用两秒钟的时间看完其车牌号，然后马上闭上眼回忆这个号码。刚开始可能不习惯或是回忆不起来，但是经过一段时间的训练后，你的观察力就会变得越来越敏捷。

8. 观察纸片训练

找 50 张 7 厘米乘以 7 厘米大的纸片，然后在每一张纸片上都写上一个字母或是汉字，要写得工整、清晰，接着把有字的一面朝下放；然后将每一张纸片都拿起来看一下，随后转过脸，将自己所看到的字母或是汉字默写出来。

9. 色彩观察训练

找 25 ～ 30 个大小适中的彩色圆球，也可以是跳棋、积木，其中红色、黄色、白色或是别的什么颜色的圆球要各占三分之一。随后把它们完全混合在一起，放在一个盆里，双手抓住其中的一部分圆球向空中抛去，这样它们就会落到不同的地方。这个时候你需要迅速看一下它们，然后转过身，把剩下的每一种颜色的圆球的数目凭借着记忆写下来，然后检查是否正确。

想象力测试

请根据自己的实际情况对下面的问题做出选择。

1. 你能否假设自己可能会遇到诸如坐牢这类的麻烦事？

A 在情况稍有不好时会想象到。 5 分

B 这似乎是不可能的事情，所以做不到。 3 分

C 不能。 1 分

2. 当你发现邻居家被盗的时候，你会怎么办？

A 想要买一支枪。 5 分

B 想要买一只狗看家。 3 分

C 会认真检查一下自己家的锁是不是足够牢固。 1 分

3. 在逼不得已要说一个谎话时，你会怎么办？

A 会将谎话讲得恰到好处，让人信服。 5 分

B 会将谎话编造得非常详细，以至于引起对方的怀疑。 3 分

C 会表现得非常慌乱，对自己讲的谎话不抱有希望，让对方听出你在说谎。 1 分

4、你会相信自己所说的谎话吗？

A 会相信。 5 分

B 差不多相信。 3 分

C 不相信。 1 分

5. 当你心里想着一首自己喜欢的歌曲时，你会怎么样？

A 可以完全听清楚这首歌。 5 分

B 只能断断续续地听到一些歌词。 3 分

C 必须小声唱起来才能想起歌词。 1 分

6. 如果一个孩子给你讲了一个他想象中的小伙伴的故事，你会怎么样？

A 能够完全进入他的幻想中。 5 分

B 只是宽容地听着 。 3 分

C 会告诉他说谎是不对的。 1 分

7. 当你看到色情电影、书刊时会是什么表现？

A 会觉得挺刺激的。 5 分

B 会觉得讨厌。 3 分

C 对自己一点影响也没有，会让你无动于衷。 1 分

8. 你喜欢冒险吗？

A 对于冒险有着丰富的经验。 5 分

B 对冒险非常感兴趣，但并不是很有信心。 3 分

C 对冒险一点兴趣也没有。 1 分

9. 一些强烈的视觉意象总是会伴随着你的思考吗？

A 通常都是这样。 5 分

B 有时候是这样。 3 分

C 很少会这样。 1 分

10. 你可以在想象中与他人进行交谈吗？

A 经常会这样。 5 分

B 只有在与人辩论后才可以。 3 分

C 不能。 1 分

11. 本来有一群人在谈话，可是当你走过去以后，他们就不说话了，你会怎么想？

A 觉得他们一定是在谈论你。 5 分

B 觉得他们是在和你开玩笑。 3 分

C 这是谈话时的正常间断。 1 分

12. 在别人倒霉或是失意时。你的真实反应是什么?

A 会流眼泪。 5 分

B 会向他们表示同情。 3 分

C 心里会觉得非常厌烦。 1 分

13. 你晚上外出消遣的时候，通常会去什么地方?

A 每一次出去都会尝试不同的地方。 5 分

B 偶尔会去不同的地方。 3 分

C 总是在自己熟悉、喜欢的地方玩。 1 分

14. 当你知道有个人要来找你，可他却迟迟不到时，你会怎么想?

A 你会担心他是不是出了交通事故。 5 分

B 你至少在一个小时之内不会担心他。 3 分

C 你会想着他一定是被什么事情耽搁了。 1 分

15. 你在电影院或是剧院观看演出时有哭过吗?

A 哭过，只要是看到感人的地方就会哭。 5 分

B 以前哭过，不过已经很长时间没有再哭过了。 3 分

C 从来都没有哭过，觉得那是一件非常丢脸的事。 1 分

16. 如果晚上你孤身一人待在家里的时候，你会是什么感觉?

A 会胡思乱想，想起平时听过的鬼故事，睡觉时会开着灯。 5 分

B 会觉得有点害怕，但是自己能够克服。 3 分

C 会觉得一个人待着也挺好的，不会有烦恼。 1 分

17. 如果你在看报纸时看到一条关于饥饿国家的新闻，你会怎么办?

A 你会发现自己居然一整天都没有一点食欲。 5 分

B 你会告诫自己千万不能浪费粮食。 3 分

C 你会迅速地翻过去，不看相关信息。 1 分

18. 你在幻想的时候，会怎么样？

A 能够虚构出大量详细而错综复杂的情节。 5 分

B 偶尔会将某些细节穿插进去。 3 分

C 只是能够模糊地想出一些合乎情理的情节。 1 分

19. 你喜欢幻想吗？

A 经常会幻想很多奇怪的事。 5 分

B 有时候会幻想一些事。 3 分

C 很少会幻想，觉得那没什么意思。 1 分

20. 在你向他人讲述自己的经历时，你会怎么做？

A 总会夸大其词，以便将自己的经历说得更吸引人一些。 5 分

B 只是会对某些细节进行修饰，大体上不会有差别。 3 分

C 会非常坦率地将自己的经历讲出来，完全符合事实。 1 分

21. 你在心里改写过电影或是小说的结局吗？

A 经常会这样做。 5 分

B 只有当这个故事给我留下非常深刻的印象时才会去想。 3 分

C 从来都不会有这样的想法。 1 分

22. 当你听说自己打算买的房子曾经发生过凶杀案时，你会怎么办？

A 会马上放弃购买这栋房子。 5 分

B 会想到这样的事情会不会真的发生在自己的身上。 3 分

C 如果觉得这房子非常适合自己，还是会买。 1 分

23. 你对一部电影或是一本书所讲的故事会有别的思路吗？

A 经常会有一些别的思路，觉得自己的思路更好。 5 分

B 有时候会有一点别的思路或是主意。 3 分

C 从来不会有别的思路或是主意。 1 分

24. 你在空闲的时候会做些什么?

A 会经常做一些漫无边际的思考。 5 分

B 要是自己能找到一些特别感兴趣的事去考虑，会很高兴。 3 分

C 要是能够找到事情做的话会很高兴。 1 分

25. 当你看到一篇自己熟悉的小说被改编成电影时，你会怎么做?

A 你通常都会觉得挺失望的。 5 分

B 你会发现这个故事由于电影的某些特点而发生了改变。 3 分

C 你会觉得看电影更能体验故事中的乐趣。 1 分

26. 当你交朋友时，你是怎样的情况?

A 尽管你们认识的时间并不长，但是你认为对方是有想法的人。 5 分

B 你想让与自己交往的人变得有想法。 3 分

C 你看得出自己喜欢的人实际上是非常漂亮的。 1 分

27. 你在一个陌生的地方睡觉，被奇怪的声音吵醒时，你会想到什么?

A 第一时间会想到鬼。 5 分

B 会想到有人在晚上偷东西。 3 分

C 会想到可能是水管漏水了。 1 分

28. 你在盯着有图案的墙纸时，会怎么做?

A 看了很长时间后能看出其中的格局。 5 分

B 只是单纯地注意它上面的图样。 3 分

C 并不怎么注意。 1 分

29. 当你听到鬼故事的时候，你会怎样?

A 会觉得害怕，听得毛骨悚然。 5 分

B 会让你相信超自然的事情。 3 分

C 会让你觉得非常好笑。 1 分

30. 如果你在大街上看到一个成年人带着一个孩子，那孩子一直在哭，你会怎么想?

A 会觉得那个成年人是人贩子。 5 分

B 会觉得是不是孩子有哪里不舒服。 3 分

C 根本就不会在意这样的事，觉得很平常。 1 分

测试结果分析：

110 ~ 129 分：这类人具有极强的想象力，不过有时候他们的想象有点过于丰富，对周围的事物过于敏感。此外，这类人可能拥有比较高的艺术天赋，每当他们想办法利用自己的想象力时，就会产生一系列丰富的想象。

75 ~ 109 分：这类人拥有一定的想象力，甚至会站在别人的角度上思考问题，从而让所做的事获得积极的效果。想象会给他们带来一定的好处，不过他们的想象力还是受到见识的限制，所以他们应该努力扩大自己的视野，向高度想象力水平发展。

51 ~ 74 分：这类人不太喜欢想象，不过也具有一定的想象能力，但是只要有可能，他们就会想办法消除幻想。人们可能会对他们冷静、讲究实际的做法表示赞赏，尽管是这样，他们也失去了想象给他们带来的乐趣。

30 ~ 50 分：这类人的想象力是比较弱的，他们好像一点都不想进入想象的世界。他们可能非常重视实际情况，非常现实，不喜欢幻想，而且他们也会对自己想象力弱而感到失望。

观察力测试

请认真阅读下面的题目，然后根据自己的实际情况选择最合适的一项，将相应的得分记录下来并将它们相加，得出最终的得分。

1. 当你进入某间办公室时，你会留意到什么？

A 桌椅的摆放。 3分

B 办公用品的准确位置。 10分

C 会看看墙上挂着什么。 5分

2. 当你乘坐公共汽车时，你会怎么做？

A 谁也不会看，只是静静地坐在那里。 3分

B 会注意看看谁站在自己的旁边。 5分

C 有时会和离自己最近的人聊天。 10分

3. 在大街上注意到一个人时，你会怎么做？

A 只会看他的脸。 5分

B 悄悄地将对方从头到脚打量一番。 10分

C 只会注意他脸上的个别部位。 3分

4. 一个人在大街上走路时，你会做什么？

A 观察来来往往的车辆。 5分

B 仔细观察建筑物的正面。 3分

C 观察来往的行人。 10分

5. 你从自己看过的风景中记住了些什么？

A 色调。 10 分

B 会记住无数的天空。 5 分

C 记住当时自己心里的感受。 3 分

6 当你看橱窗时，你都会看些什么？

A 只会关心那些可能对自己有用的东西。 3 分

B 也会看看这时候并不需要的东西。 5 分

C 会仔细观察每一件东西。 10 分

7 早晨醒来后，你是怎样的情况？

A 马上就能想起今天自己应该做什么。 10 分

B 会想起自己昨晚梦见了什么。 3 分

C 会回想一下昨天都发生了什么事。 5 分

8. 如果你在家里需要找一样东西时，你通常会怎么做？

A 将注意力集中在这个东西可能会存放的地方。 10 分

B 把所有的地方都找上一遍。 5 分

C 请别人帮忙找。 3 分

9 假如有人建议你玩一个自己不会的游戏，你会怎么做？

A 想办法学会并且还要想办法赢。 10 分

B 找借口说过一段时间再玩，现在没有时间。 5 分

C 直接说自己不会玩这个游戏或是直接说不想玩。 3 分

10 当你看到亲戚、朋友过去的照片时，你会怎么做？

A 会稍微有些激动。 5 分

B 会觉得以前的照片好可笑。 3 分

C 会想要尽量了解照片上都是谁，又是在干什么。 10 分

11 你在公园里等一个人的时候，会做些什么？

A 仔细观察坐在自己旁边的人。 10 分

B 看报纸或是玩手机。 5 分

C 认真地思考某件事。 3 分

12. 你放下正在读的书时，通常会做些什么?

A 用铅笔标出读到了什么地方。 10 分

B 放个书签在书里面。 5 分

C 相信自己的记忆力，什么都不做。 3 分

13 你在已经摆好的餐桌前会做些什么?

A 赞扬它精美的地方。 3 分

B 看看客人们是不是都已经到齐了。 10 分

C 会看看所有的椅子是否已经放在了合适的位置上。 5 分

14. 在满天繁星的夜晚，你会做些什么?

A 努力观察星星。 10 分

B 只是一味地看着天空。 5 分

C 什么也不看，都不在意。 3 分

15. 对于领导，你会记住些什么?

A 名字。 3 分

B 会记住他的外貌。 5 分

C 什么也没记住。 10 分

测试结果：

分数低于或等于 45 分：你的观察能力很差，基本上可以说你并不喜欢关心身边的人，不管是他们的内心还是行为，你甚至认为对你自己都没必要过多地分析。所以，你是一个自我中心倾向非常严重的人，会沉浸在自己无限大的内心世界里，你需要注意提防这样做会给自己的社交生活造成某种障碍。

46分～75分：你可以观察到很多表象，可是你对他人隐藏在行为方式、外貌背后的东西通常会采取漠不关心的态度。从某种角度来说，你的适当的“难得糊涂”其实是一种大智慧，你很懂得如何让自己从一些不必要的麻烦中解脱出来，享受内心的快乐。

76分～100分：你拥有相当敏锐的观察力，在很多时候都会精确地发现一些细节背后的联系，这一点对你培养对事物的判断力是非常有帮助的，同时也会增强你的自信心。可是你需要注意的是，自己对他人的评价在很多时候都带有偏见。

大于100分：你拥有强大的观察力，会非常细心地留意身边的人和事物。同时，你也能对自己以及自己的行为进行分析，还可以逐步做到对别人做出非常准确的评价。不过很多时候，做人不能太过拘泥于细节，你也应该适当地爽快一点，要学会往大的方向看。

健忘程度测试

日常生活中，很多人都会有忘这忘那的经历，有的人会觉得自己的记忆力越来越差，怀疑自己是不是得了健忘症。现在，我们通过下面的小测验来评估一下自己是否得了健忘症。

请认真阅读下面的问题，看看你的情况与之是否相符：

1. 会忘记约会。

2. 之前曾经非常熟练的工作，现在重新做起来时却发现很困难。

3. 当日常生活发生变化时，短时间内会很难适应。

4. 会忘记一些重要的日期，比如结婚纪念日、爸妈的生日、配偶的生日等。

5. 经常忘记别人的名字或是电话号码。

6. 对于一些已经发生的事情，在短时间内没办法将细节回忆起来。

7. 几天之前刚听到的事情或是别人说过的话，现在已经忘了。

8. 面对着同一个人的时候，经常会重复相同的话。

9. 任何一件事做过之后，很快就会忘记。

10. 会忘记看看锅，导致菜被炒焦。

11. 会将吃药的时间忘掉。

12. 逛街需要买很多东西的时候，经常会忘记买上一两件。

13. 会反反复复提出同一个问题。

14. 完全记不清某件事是不是已经做过了，比如锁门、关电脑等。

15. 说话的时候会突然之间不知道该怎么进行表达。

16. 会忘记该带走或是带来的东西。

17. 家里的物品在经常放的地方总是找不到，但是却在一个意想不到的地方找到了。

18. 曾经去过一个地方，可是第二次去就再也找不到路了。

19. 忘记把东西放在哪里了。

20. 说话的时候会突然忘记自己要说什么。

回答了上面的问题后，根据自己的符合程度，可以大体上了解自己的健忘程度：

1. 符合 15 ~ 20 个：属于严重的健忘症，需要及时到正规医院进行治疗。如果在疾病早期能得到及时的治疗，那就可以及早恢复，而且还能防止病情的恶化。

2. 符合 6 ~ 14 个：属于轻微的健忘症，生活中很多怀疑自己得了严重健忘症的朋友通常都处于这个阶段。事实上大多数人都有一点轻微的健忘症，所以不需要有太大的心理压力，但是要注意最好是戒掉烟酒，按时作息，还要多补充维生素，积极地进行预防。

3. 符合 0 ~ 5 个：这样的人记忆力完全正常，偶尔会有些生活琐事想不起来，只是非常轻微的记忆力减退，所以没必要担心这个问题。

注意力测试

一、注意力自测量表

下面所叙述的内容如果符合自己的情况，就在括号里画√，如果不符合，就打 ×。

1. 学习或是看书时，能够很清楚地听到周围人的说话声。（ ）

2. 在听别人讲话时经常会心不在焉。（ ）

3. 听课或是听讲座时会不断地打哈欠。（ ）

4. 读书时没办法坚持两个小时以上。（ ）

5. 如果一件事情做的时间比较长，就会变得非常急躁，希望能早一点结束。（ ）

6. 学习时经常会想起一些与学习一点关系都没有的事情。（ ）

7. 对一段看过去的文字会重新看上好几遍。（ ）

8. 只要有担心的事，就会一整天都想着。（ ）

9. 学习时总会觉得时间过得非常慢。（ ）

10. 在等人时总是觉得时间长得难熬。（ ）

11. 说话的时候，有时候会有意无意地想其他的事。（ ）

12. 想要做的事情很多，可是没有办法静下心来做一件事。（ ）

13. 在学习或是看书时，经常会急着想去做另外一件事。（ ）

14. 看起来一直在忙着，什么都想做，就在这样忙乱的状态下度过一天，结果并没有做什么。（ ）

15. 始终都不会忘记别人指责自己时的情景。（ ）

每道题 1 分，一个 × 号记 1 分，据此计算自己的最终得分，结果如下：

得 14 ~ 15 分的人注意力非常好；得 12 ~ 13 分的人注意力属于好的程度；得 8 ~ 11 分的人注意力一般；得 4 ~ 7 分的人注意力稍差；得 0 ~ 3 分的人注意力差。

二、舒尔特方格测试

25	18	14	5	23
15	10	22	8	3
11	21	7	20	19
6	1	2	13	17
24	4	12	16	9

测试说明：

上面所画的这个图形叫舒尔特方格，你也可以不用上面这个表格，自己做一个一样的方格，在里面任意填上 1 ~ 25，共 25 个数字，然后要求被测者用手指按照 1 ~ 25 的顺序依次指出它们的位置，而且还要读出声。测试者则要在旁边记录其数完 25 个数字所需要的时间，所用的时间越短，注意力水平越高。

舒尔特方格评分标准：

5 ~ 7 岁年龄段的人 30 秒以下属于优秀水平，46 秒属于及格水平。

7 ~ 12 岁年龄段的人能够达到 20 秒以下属于优秀水平，36 秒内属于中等水平，45 秒属于及格水平。

12 ~ 14 岁年龄段的人达到 16 秒以下为优秀水平，26 秒内属于中等水平，36 秒属于及格水平。

18 岁以上的成人达到 12 秒以下为优秀水平，16 秒内属于中等水平，20 秒属于及格水平。

记忆力测试

英国国民健康计划首席营养学家帕特里克·霍尔福德总结了这样一套记忆力测试题，我们可以拿来对自己的记忆力进行测试。下面的各个问题，回答“是”得1分，回答“不是”，得0分：

1. 是否发现自己经常会犯糊涂，精力也没办法集中？

2. 是否觉得自己的记忆力有越来越差的迹象？

3. 是否经常会出现想表达一些东西，可是又很难表达清楚的情况？

4. 现在学会一件事情所使用的时间是不是比过去要多？

5. 在计算数字时，如果不把它们写下来，是不是就很难计算？

6. 看到一个熟人却记不起他的名字，这种情况是不是经常发生？

7. 是否发现自己集中精力做事情的时间已经无法超过一个小时？

8. 是否经常会觉得对于过去的事情记得很清楚，可是却记不清昨天刚刚发生的事？

9. 是否经常讲述关于自己的事？

10. 是否经常觉得自己脑力不足？

11. 是不是经常会忘记今天是周几？

12. 你的朋友和家人是否发现你比以前爱忘事？

13. 是不是会明明记得自己要找一样东西，却想不起自己要找什么？

14. 是不是经常会把钥匙放错地方？

测试结果：

如果得分在 10 分以上，就说明你的记忆力和注意力都发生了明显的衰退。

如果得分在 5 ~ 10 分之间，说明你的记忆力正在衰退，此时的你需要改变现在的生活方式。其中包括锻炼、饮食和对生活的态度等。

如果得分是 4 分或是 4 分以下，就说明你的记忆力很好，继续保持现在健康的生活方式就可以了。

短时记忆能力测试

1. 记忆数字

下面所列出的 3 行数字，每两个数字组成一组，每行共 12 组。你可以从中任意选择一行进行记忆，在 1 分钟时间内读完，也就是每组数字读 5 秒，然后再将自己所记住的数字写出来，可以不按照原来的顺序写。

75 48 64 83 41 27 62 29 38 93 74 96

56 27 32 47 94 86 14 67 75 28 49 34

16 43 73 29 87 28 43 62 75 59 93 68

测试结果与分析：

如果你能将 12 组数字都正确地记下来，那你的短时记忆能力可以说是非常惊人的。

如果你能记住 8 ～ 9 组数字，那你的短时记忆能力可以称得上优秀。

如果你只能记住 4 ～ 7 组数字，那你的短时记忆能力只能说是一般水平。

如果你连 4 组数字都没能记下来，那你的短时记忆能力就太不理想了，这个时候你需要认真查找一下原因，并且要进行有针对性的锻炼。

2. 词语组测试

请用 150 秒的时间记忆下面 20 个词语，记住一个词语得 1 分。你在规定时间内能记住几个词语，就能得多少分。

铃铛	黄金	柳树	医生
白酒	货币	衣服	作业本
公鸡	手套	筷子	图书
包子	汽车	担架	医院
散步	钥匙	孩子	月饼

3. 扑克牌记忆

用 3 分钟的时间记忆下面的扑克牌，记住一张扑克牌得 1 分，3 分钟的时间内能记住几张牌就能得多少分。

红桃 6　方片 3　红桃 9　红桃 K　黑桃 A

梅花 7　红桃 5　红桃 8　梅花 K　梅花 3

黑桃 2　梅花 10　黑桃 6　梅花 4　方片 2

黑桃 7　方片 9　方片 J　黑桃 5　红桃 10

红桃 Q　方片 Q　红桃 4　梅花 8　梅花 9

长时记忆能力测试

一、经历性记忆测试

阅读下面所列的问题，看看自己能回答多少。

1. 你爷爷的名字是什么？

2. 你上学时第一个班主任叫什么名字？

3. 你出生在哪个地方，能说清具体的地址吗？

4. 你能想起上小学第一天时的情况吗，想想自己当时穿的什么衣服？

5. 你第一个喜欢的玩具是什么？

6. 你小时候的玩伴叫什么名字？

7. 你小时候最喜欢吃的东西是什么？

8. 你小时候居住的房子是什么样的？

9. 你上学时的外号是什么？

10. 你能否想起一件小时候和爷爷奶奶相处时的趣事？

11. 你能否形容外公的容貌？

12. 你是否还能记清自己 5 岁之前收的第一件礼物是什么？

13. 你是否能记清北京申奥成功时自己在什么地方？

14. 小时候自己做的最淘气的一件事是什么？

15. 相对于最近发生的事，你还能记起幼儿园发生的事吗？

16. 你是否还能想起读幼儿园时的老师长什么样子？

17. 你 10 岁时的同桌是谁？

18. 你是否还能记起初中时所学的一些数学公式？
19. 哪位老师是你最不喜欢的？
20. 你能否记起初中毕业时的场景？
21. 你能否记起在学校时自己用心读过的一篇文章？
22. 你能否记起你对初恋是如何表白的？
23. 第一个让你伤心的人是谁？
24. 第一个让你心动的人是谁？
25. 第一次约会约在了什么地方？
26. 童年时自己生的最严重的一场病是什么？
27. 上高中时谁是你最好的朋友？
28. 让你印象最为深刻的一个假期是什么时候？
29. 你记忆中自己是几岁开始过生日的？
30. 你是否能记得小时候想做而没有去做的事？
31. 请试着对一件自己喜欢的玩具的特征进行描述。
32. 你什么时候学会骑自行车的？
33. 你是否记得自己小时候的两位朋友，并且能写出他们的名字？
34. 你是否记得自己是什么时候学会游泳的？
35. 你 8 岁前最喜欢听的歌曲是什么？
36. 你是否记得自己小时候最喜欢吃的冰棍的牌子？
37. 你所创造的第一个记录是什么？
38. 你是否能够记起自己上小学时第一次考试的片段？
39. 你童年时期最喜欢的游戏是什么，还记得清吗？
40. 你还能记得是谁教你游泳的吗？
41. 你所养的第一只宠物叫什么名字？
42. 你小时候最喜欢看的电视节目是什么？

43. 小时候第一个和你打架的那个孩子叫什么？

44. 你能否记起自己第一次出远门是什么时候？

45. 你能否记起自己小时候最喜欢的体育运动？

测试结果：

如果你只能记起 30 项以下或是回答出 30 个以下的问题，那么你的经历性记忆能力是比较差的；如果能记起 30 项则是中等水平，超过 30 项的话则说明你的经历性记忆是比较好的。

二、语义性记忆测试

语义性记忆是我们对一些事实的个人记忆，请试着回答以下问题，看看你能回答出几个。

1.《热情似火》的女主角是谁？

2. 葡萄牙的首都是哪座城市？

3. 色彩的三原色是什么？

4.《仲夏夜之梦》的作者是谁？

5. 拿破仑失败后被放逐到了哪座岛上？

6. 青霉素是哪位科学家发明的？

7. 卷入水门事件丑闻的美国总统是谁？

8.“大陆漂移学说”是谁提出的？

9. 第一次世界大战的起讫日期是何时？

10. 静海在什么地方？

11. 距离太阳最近的第 5 颗行星是哪一颗？

12. 比利时的首都是哪座城市？

13. 曼德拉是在哪一年被释放的？

14. 与南美洲相邻的是哪两个大洋？

15.《物种起源》的作者是谁?

16. 俄国十月革命发生在哪一年?

17. 第一位到达北极圈的探险者是谁?

18. 一支足球队有多少名运动员?

19. 在身体的哪个部位可以找到角膜?

20. 圭亚那位于哪个洲?

测试结果:

回答少于 10 个，说明你的语义性记忆能力比较差，11 ~ 15 个则是中等水平，16 ~ 20 个则说明你是优秀水平。

答案:

1. 玛丽莲·梦露	5. 圣赫勒拿岛	9.1914 ~ 1918 年	13.1990 年	17. 罗伯特·爱德温·派瑞
2. 里斯本	6. 弗莱明	10. 月球	14. 太平洋和大西洋	18.11 名
3. 红、黄、蓝	7. 尼克松	11. 木星	15. 达尔文	19. 眼睛
4. 莎士比亚	8. 魏格纳	12. 布鲁塞尔	16.1917 年	20. 南美洲

三、前瞻性记忆测试

很多人每天都过着忙碌的生活，下面哪些事情你会经常忘记，请根据自己的实际情况做出选择。

1. 忘记回电话

（1）经常 （2）有时 （3）从不

2. 吃过饭后忘记付账

（1）经常 （2）有时 （3）从不

3. 忘记给过生日的朋友发生日祝福或是送礼物

（1）经常 （2）有时 （3）从不

4. 忘记看感兴趣的电视节目

（1）经常　（2）有时　（3）从不

5. 忘记吃药

（1）经常　（2）有时　（3）从不

6. 忘记下周的工作计划

（1）经常　（2）有时　（3）从不

7. 忘记晚上睡觉前定好闹钟

（1）经常　（2）有时　（3）从不

8. 忘记约会的时间

（1）经常　（2）有时　（3）从不

9. 出去旅行前会忘记取一点现金备用

（1）经常　（2）有时　（3）从不

10. 忘记买火车票或是飞机票

（1）经常　（2）有时　（3）从不

测试结果：

将自己所选择答案的序号加起来就是你最后的得分，得 10 ~ 15 分的人为差，16 ~ 25 分为中等，26 ~ 30 分为优秀。

无逻辑联系单词记忆效率测试

在日常生活中，我们经常需要记忆一些相互之间完全不存在任何逻辑联系的事物，我们所做的这个测试就是要检查一下你对无逻辑事物的记忆能力。具体的方法是：在 40 秒钟的时间内，记忆下面 20 个在意义方面完全不存在任何逻辑联系的词，然后马上在纸上对其进行默写。

长江	数学	烧饼	口罩	电视剧
工人	剪子	良心	山峰	磁带
柳树	月亮	扫把星	钞票	汽车
士兵	草原	花生油	公鸡	锣鼓

默写结束后，请按照下面的公式对自己的记忆效率进行计算：

记忆效率 = 默写正确的词数 /20（也就是你所记忆的词数）×100%。如果你默写对了 10 个词，那么你的记忆效率则为：（10/20）×100% ＝ 50%。

触觉记忆测试

让接受测试的人闭上眼睛，然后让他们依次触摸 10 件常用的物品，每一件物品的触摸时间是 3 秒。触摸过所有物品后，开始进行 30 秒的回忆，在回忆的过程中要说出之前所触摸物品的名称，测试者要将成绩记下来。

听觉记忆测试

你需要找一个朋友把下面这十种物品的名称一个一个念给你听，每一个名称要读 3 秒钟，总共读 30 秒钟，随后再做算术题，做上 30 秒，接着再用 30 秒的时间回忆刚才自己听到的物品，一边回忆一边写出来，并记下自己的成绩。

花猫、饭锅、邮票、牙刷、大门、橘子、苹果、火车、眼睛、桌子

视觉记忆测试

下面所列的10件物品，被测试者需要观看30秒，平均每件物品看3秒，然后马上做30秒的算术题，随后再用30秒的时间回忆自己刚才所看到的物品，并记录自己的回忆成绩。

皮鞋、饭锅、篮球、足球、铁床、衬衣、闹钟、电灯、图书、椅子

视觉听觉结合记忆测试

提前准备好 10 张并不复杂的图片，让人以每 3 秒一张的速度拿给你看，而且在给你看图片的同时还要大声说出图片上的物品的名字，随后做 30 秒的算术题，接着再用 30 秒的时间进行回忆，并记下自己回忆所得的成绩。

视觉、听觉、触觉结合记忆测试

找出十件我们生活中经常使用的物品，比如书、笔记本电脑、卫生纸、洗衣粉、水杯、蜂蜜、衣服、钥匙、口香糖、手机，要让接受测试的人既能看到这十件物品，又能听到测试者说出它们的名字，而且还能用手摸到它们。被测试者看、听、触摸一件物品的时间是3秒，十件物品总共用时30秒。30秒之后让被测试者做一些简单的算术题，时间也是30秒，随后让接受测试的人再用30秒的时间进行回忆，并且要说出物品的名称，说出一个得1分，测试者要在旁边记下成绩。

数组记忆效率测试

要求在 40 秒时间内记忆下列 20 组数字，然后马上将记忆的内容默写出来。

46	13	39	53
27	11	41	68
75	49	14	74
87	18	63	96
26	36	25	98

默写结束后，要按照下列公式计算记忆效率：

记忆效率 = 默写正确的词数 /20（也就是你所记忆的词数）× 100%。如果你默写对了 10 个词，那么你的记忆效率则为：（10/20）× 100% ＝ 50%。

人像与姓名联系记忆效率测试

在记忆前安排他人在头像下面标上名字，要求在30秒内记忆自己事先找出的任意10张人物头像及其姓名，然后马上不按次序只看头像（不看姓名）且说出姓名。随后数一下自己说对了的姓名的数目，再按照下列公式去对记忆效率进行计算：

记忆效率＝回答正确的姓名数目/10（你所记忆的头像和姓名数）×100%。如果你说对了5个头像的姓名，你的人像姓名记忆效率则为：（5/10）×100%＝50%。

记忆能力与记忆意图关系测试

找一个人，要求他在 5 分钟内将下列一组数字记住：

28 27 72 91 33 18 54 62

5 分钟后对其记忆结果进行测试并将结果记录清楚。然后再要求这个人在另一个时间内对下面一组数字进行记忆：

23 83 47 65 54 76 21 98

一开始要告诉他在 3 分钟后要对其进行测试，3 分钟过去之后再告诉他 2 分钟后才会进行测试，过了 2 分钟后进行测试并将这一次的测试成绩与上一次的成绩进行比较，看看哪一次的成绩更好？